SPA&醫學美容產業經營與管理

—美容創業教戰守冊—

靳千沛　編著

全華圖書股份有限公司

Foreword

每個人，一生都擁有很大的夢想，每一個人窮極一生用盡心力想要成就夢想，而我一輩子的事業跟志業一直以來就在 SPA 的領域中從不間斷。

我是第一個把 SPA 概念引進台灣，因為對 SPA 有一股熱誠。其實 SPA 真正的意義代表人對於自己身心靈的照顧，在陽光空氣水的條件之下教育人們要放下、放空、放鬆，如何釋放自己的壓力，所以全世界也因為這樣的市場需求而延伸出來有各種 SPA 的業態，各種型態的 SPA 也就因應而生。其實 SPA 的領域是非常的深廣，不管你營運的屬於純正養生芳療 SPA、結合中國經絡推拿 SPA、一天就可以完成的水療 DAY SPA、飯店型舒壓 SPA 或是有目的性的醫療 SPA 等，其實所有的目的都是為了讓我們可以找一個地方，讓自己舒緩壓力放鬆心情。

所有 SPA 芳療訓練、品牌定位以及整體的規劃營運策略的擬定，也會因著你要從事 SPA 的領域和規模不同而有定位的差異。具備有獨特性！文化性！對心靈健康的 SPA 相對受歡迎。每個從業者其實都要很清楚自己要創造怎麼樣的氛圍和療程設計，是會讓顧客所喜歡和會感動的！

我認為，提供一個非常自在舒適有感受的空間和美好享受 SPA 洗滌一身的疲憊，是件令人非常幸福的事情！不管業者、服務的老師或被服務的顧客亦是沉浸在自然放空之下，有共鳴的享受每個細節！因此課程的規劃、商品的選定、空間的配置以及音樂的選擇，所有服務流程的設計都非常的重要。

我認為 SPA 的領域參透後是個非常令人興奮的行業，但是經營其中的奧秘依千沛輔導多元店家的經驗，這本書應該可以幫助大家許多，只要用心體會之後確實地去執行。不管是執業的我們或是顧客都會感同身受，這是一件非常有意義的事情，一輩子在這個領域裡面！

被稱為是 SPA 痴的我，終生無悔進入這個領域。也期盼每一個人每一天都能夠充滿正能量！面對生活，平安喜樂每一天。

瑞醫科技美容 執行長　吳慧真

Preface

專業就是專業

伴隨台灣美容市場從沙龍、三溫暖、養生會館、SPA 與醫學美容和芳香精油產業等市場的更迭，現代美容業已不僅是針對「美容」這塊領域，而是更注重健康與身心靈療癒的層面，兼顧 SPA & Wellness 的功能。尤其是經歷這幾年 COVID-19 對全球人民健康的威脅，使得整個環境更加注重與投入健康與保健的產業，因此我將此產業用「美容健康復癒產業」涵蓋整個大健康產業。

我投入這個產業已經超過 27 年，擔任過營業現場與總公司運營管理等不同的角色，歷經為企業進行專業顧問、教學與開闢疆土的過程，我看見很多人都希望擁有一家自己的店，但是當開店後，才發現原來還有好多需要注意與執行的細節，在開店前沒有顧及到，導致遇到很多瓶頸。

無論您是 Wellness、醫美、SPA、準備開立工作室或是正要轉型的公司，想要永續經營，都需要有計畫有步調的循序漸進。我將這些年所學所得的經驗用同理心的角度與您分享，不論您想創業、您是公司的執行者或準備踏入業界，本書是依照營運現場實際營業狀況與不同發展階段所編寫，相信必定能與您產生互動。期望透過本書能為您減少跌跌撞撞的機會，進而協助您的事業發展順利。

勿忘「專業就是專業」，一定要堅守企業發展原則，必然能對開業、展業有所助益。

靳千沛 謹識

SPA ATM 芳香學苑 創辦人

法系 FFAMD 國際芳香療法認證分校 校長

英系 IFA 國際芳香療法認證分校 校長

美系 NAHA 國際芳香療法認證分校 校長

各大企業 SPA 開業與教育顧問

Contents

CHAPTER 1

產業的 起源、發展與趨勢

從古至今，「水」作為人類賴以維生的重要元素之一，總是不斷與健康和文化價值等話題互相連結，而我們可以從人類歷史發展上了解水對人體健康與美麗的重要性。

西元前

當時象徵健康美麗的代表性人物可說是「埃及豔后」。埃及豔后十分喜歡洗牛奶浴，這令她的皮膚細膩、柔嫩、光滑。在當時，人們大量且廣泛使用芳香植物和化妝品，在保養品或香水中通常也會加入乳香、沒藥、百合、松針、雪松及其他藥草，並加入大量的橄欖油，來達到保養皮膚或增加體香的功效。

• 埃及豔后古代畫像

• 乳香

• 沒藥

• 松果、松針

• 百合

• 橄欖油

希臘時期

帶給人們健康概念的代表性人物是最早記載於公元前四、五世紀的希臘醫生希波克拉底，他被稱譽為健康醫療之父。他提出了四液學説的概念，此概念認為疾病的產生是來自於體內四種液體（血液、黑膽汁、黃膽汁及黏液）失調的結果。直到四液達到平衡狀態時，身體疾病才會痊癒。也就是説體格強健者，四液就會均等。此學説也認為自然環境與人的健康和疾病有著密不可分的關係。

• 希波克拉底醫生

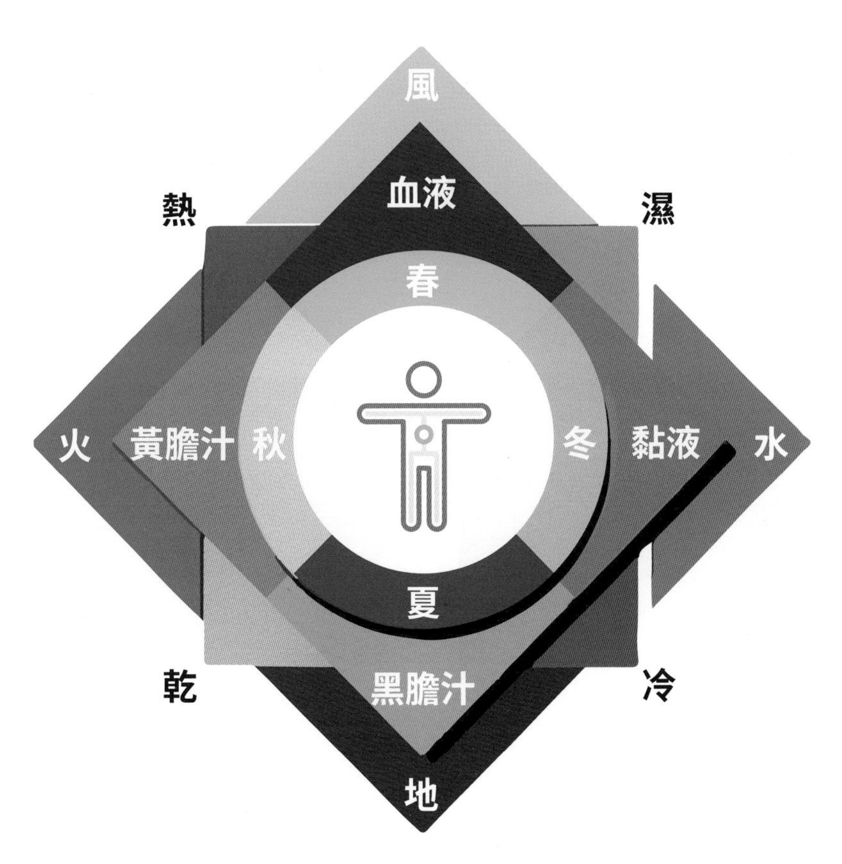

• 人體的四種體液與四季、溫度、濕度與環境息息相關

• 英國巴斯古羅馬浴池

羅馬時期

溫泉在古希臘被視為「神賜之水」，當時羅馬軍隊征戰不斷，軍隊將傷兵安置在溫泉湧出之地，並以溫泉洗滌傷口，意外發現傷口竟然得到良好的治療效果。也因為如此，後來羅馬軍隊一旦發現有溫泉之處，就會興建宮廷式浴池，用以安置及治療傷兵，同時也作為會議及社交場所。現今歐洲仍保存著幾個相當知名完整的羅馬宮廷浴池古蹟，如國王浴池（King's Bath）、大浴池（Great Bath）、幫浦室（Pump Room）等。

• 尚・李奧・傑洛姆 Jean Leon Gerome（1824-1904 AD）布爾薩大浴場（The Great Bath at Bursa, 1885）

• 蓋勒特浴場（Gellért thermal bath），18 世紀興建於匈牙利

西元 17 ～ 19 世紀

17 世紀時，義大利醫生開始將溫泉納入醫療處方中，而法國也開始以溫泉治療皮膚疾病，此時溫泉又開始與醫療結合，重新開啟人們對溫泉療癒的重視與熱愛，歐洲各國亦紛紛興建溫泉療養地。

• 法國理膚寶水小鎮 La Roche-Posay Town 是歐洲首座皮膚科醫學溫泉療養中心

• 法國理膚寶水小鎮 La Roche-Posay Town 以溫泉水聞名，當地居民會從鎮上的冷泉直接取水回家飲用

• 布達佩斯塞切尼溫泉浴場（Széchenyi Thermal Baths in Budapest）

亞洲

1875 年（明治 9 年），德國貝爾茲醫師在拜訪日本時，把歐洲溫泉理療方式帶入日本，這是日本溫泉文化興盛的重要基石。也因為日本對溫泉的重視，進一步於 1943 年設置溫泉相關法令，讓日本成為全球最早設置溫泉法的國家。之後日本大力發展溫泉醫院及溫泉專科醫師的認證，使溫泉療癒與現代醫學相互結合。

臺灣的溫泉主要都在日治時期開發，當時用來作為警察的療養所。1987 年解嚴後，受到傳媒與經濟發達的影響，許多業者開始引進日本溫泉的經營模式，強調養生、健康、美容與休閒等功能，促進了溫泉與休閒產業的緊密發展，立法院也於 2003 年三讀通過溫泉法。

• 草山溫泉公共浴場，是殖民統治下的台北州為配合昭和天皇登基紀念而興建的台北州公立澡堂眾樂園，其設備當時號稱臺灣第一

• 陽明山中國麗緻大飯店的溫泉設施（取自 https://reurl.cc/QLVrz5）

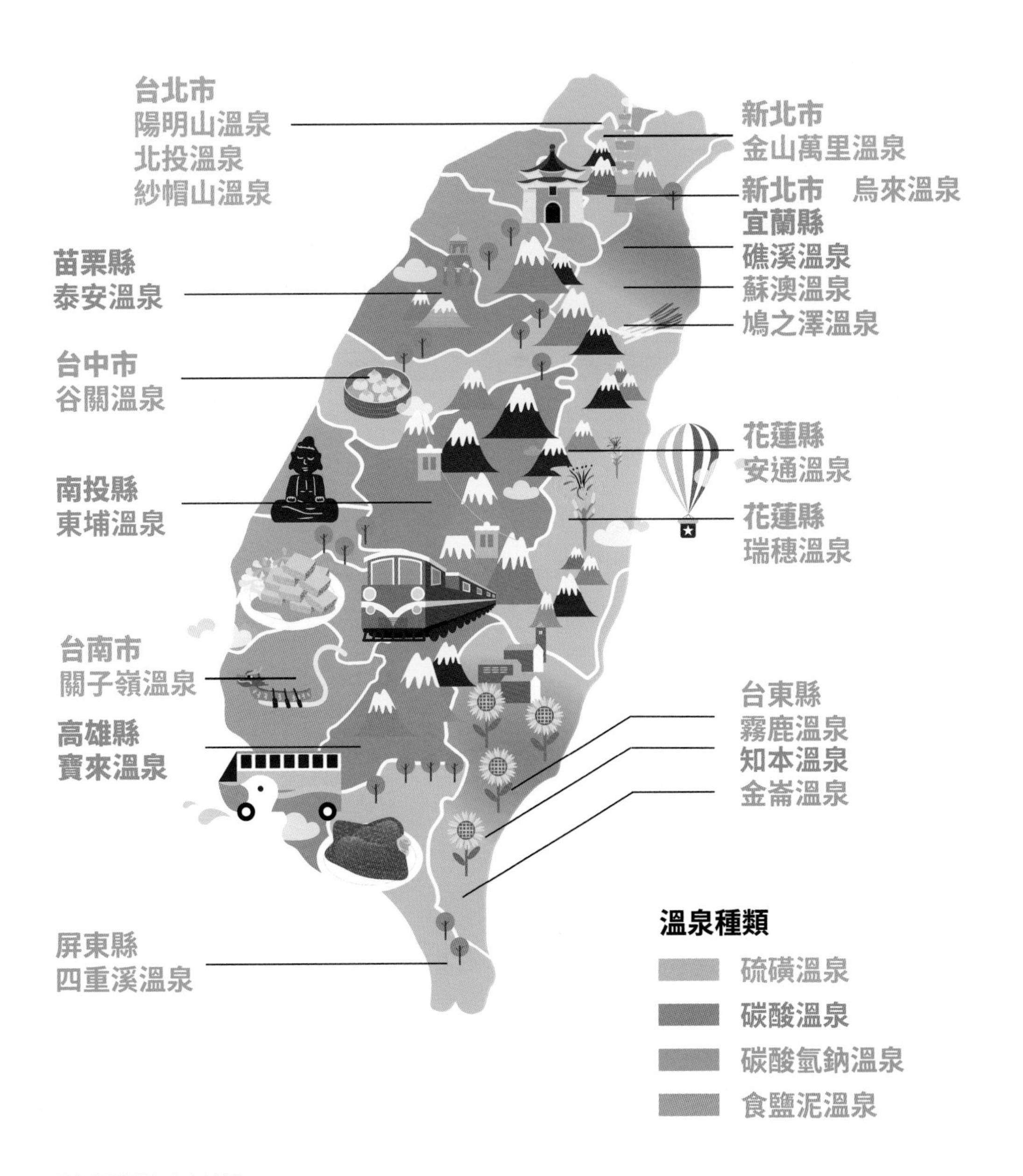
台北市
陽明山溫泉
北投溫泉
紗帽山溫泉
新北市
金山萬里溫泉
新北市　烏來溫泉
宜蘭縣
礁溪溫泉
蘇澳溫泉
鳩之澤溫泉
苗栗縣
泰安溫泉
台中市
谷關溫泉
花蓮縣
安通溫泉
南投縣
東埔溫泉
花蓮縣
瑞穗溫泉
台南市
關子嶺溫泉
高雄縣
寶來溫泉
台東縣
霧鹿溫泉
知本溫泉
金崙溫泉
屏東縣
四重溪溫泉
溫泉種類
硫磺溫泉
碳酸溫泉
碳酸氫鈉溫泉
食鹽泥溫泉

• 現今臺灣溫泉分布地圖

現今

溫泉水療發展至今，已形成多元化的服務型態，利用對不同主題的訴求來搭配水療、礦物質、海泥、花草植物、芳香精油、蒸氣與按摩等項目，再結合五感療法中的聽覺、嗅覺、視覺、味覺和觸覺等方式，達到美容養顏、身心放鬆、肌膚健康、預防疾病與身心靈平衡之功效。

現代城市空間狹小，人們的生活壓力俱增，加上健康受到疫情的衝擊，因此全球更加興起了強調身心靈放鬆與健康調理的護理模式。SPA 是一種集哲學、休閒、養生、美容與健康保健於一身的新型式，尤其在近代，隨著醫學技術發達，SPA 也加入了醫學美容和抗衰防老的領域，型態愈來愈多元化，可以說只要是與美容和健康有關的活動，幾乎都能成為美容健康復癒產業的服務項目。

全球健康產業調查（GLOBAL WELLNESS）的數據指出，現在全球健康經濟已經達到 4.4 萬億美元，從 2017 年到 2019 年每年增長 8%，但 2020 因為全球遇到疫情，整個產業經濟遭受到壓縮，產值下滑 39.5%（約 4360 億美元）。然而疫情過後，大家對健康的重視程度更加提升，市場預估到 2025 年，健康旅遊將大幅增長 21%，這證明壓抑過後，大家對自然、可持續性的身心靈健康的追求也會更加提升，雖然 SPA 與 WELLNESS 產業在這兩年受到衝擊，但我們可以遇見未來的復甦，我們的產業將會成為贏家。

未來趨勢

疫情大流行後使人民對於健康的重視度提升，加上老年化與慢性疾病不斷增加，大家對於健康的價值觀已經在轉變中，因此除了上述健康旅遊將倍受重視外，還包含有自然物質、健康建築的生活環境、SPA 中心、體育活動、心理健康、個人護理與美容、傳統和補充醫學、溫泉場所、健康飲食、瘦身、預防醫學、生存主義的心理健康概念、連結虛擬世界的發展、健康認證以及工作場所對健康的重視和公共衛生等相關概念與產業發展，這些將驅使整個健康產業蓬勃發展。

CHAPTER

2

不可不知的商機

自 2019 年至今的疫情大流行給我們上了一堂課，人們對健康的需求已經不只是一種流行或時尚，而是隨著人們對健康的意識越來越強烈而開始越來越注重自然療癒的各種方法，除了 Spa&wellness 提供完整且全面性的整體健康療癒概念外，各種產業如休閒旅遊、心裡健康、古老的傳統醫學、預防醫學、運動與回歸大自然等加入健康復癒產業，讓我們可同時達到身體質量健康、身心平衡調理預防醫學以及健康美麗的希望。

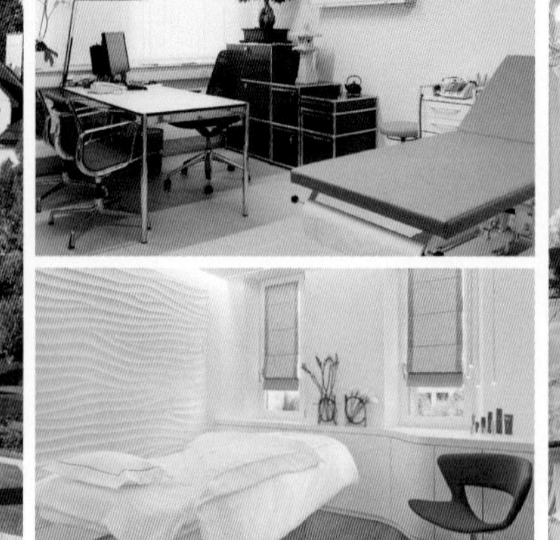

• CLP 瑞士草原療法中心（Medical Centre Clinique La Prairie）

經營型態與趨勢

隨著時代變遷，人們的壓力指數節節攀升，環境破壞、少子化、老年化等因素，使得各階層的人都意識到健康的重要性，Spa 的發展也愈來愈密切與健康療癒有關。除此之外，健康結合旅遊的需求也日益增高，逐漸比醫療旅遊具有更大的市場。

依據國際 ISpa 協會臺灣分會（International Spa Association，2014 年）的分類，Spa 類型可分為目的型、飯店型、溫泉型、都會型、俱樂部型、遊輪型、醫療型七種，至今有越來越多複合式營業模組，琳瑯滿目。開店前，我們需要先認識產業的主要型態，並了解產業的特質。透過認識各種不同的經營型態以及市場的發展需求，將有助於我們思考實體店未來經營的方向，並可從中找出合適的經營模式。

• 表 Spa 型態

Spa 型態	說明
目的型 Destination Spa	經由專業的各式 Spa 服務，改善顧客的生活方式及健康狀態，包括特別設計的 Spa 療程、運動健身、教育課程、住宿服務與 Spa 餐飲。
飯店型 Resort / Hotel Spa	建立在飯店裡或渡假區裡的 Spa，提供健身、Spa 餐飲及各式不同的 Spa 服務。除了觀光客、商務客，一般顧客也喜歡到多元服務的飯店做 Spa 放鬆。
溫泉型 Mineral Springs Spa	提供自然礦泉、冷或熱泉，給予來客水療性的 Spa。
都會型 Day Spa	無住宿的 Spa，提供每日專業的各式 Spa 服務。
俱樂部型 Club Spa	主要的功能為提供健身服務以及一日內的各種 Spa 服務。
遊輪型 Cruise Ship Spa	建立在遊輪上的 Spa，提供專業的健身服務、各種 Spa 服務、健康及 Spa 餐飲。
醫療型 Medical Spa	診所式、個人服務、企業院所的醫療單位，加入 Spa 的概念及醫療的專業治療，組合成一個強化健康、提供醫療或 Spa 服務的型態。

以下內容除了依照上述分類加以說明外，同時也依據 Global Wellness Summit（2022）[1]、Statista[2] 針對美容健康復癒產業現在與未來發展所做的調查與預測，綜合性地分析在不同型態的經營模式中，讓我們透過數據與趨勢發展，很清楚的知道我們的商機在哪裡？同時讓我們檢視現在或評估未來是否需要修改營業項目和經營模式來創造更好的績效？請注意，這裡討論到的產業發展型態已非單純指向 Spa 而已，還包含了更多與健康復癒行為有關的討論。

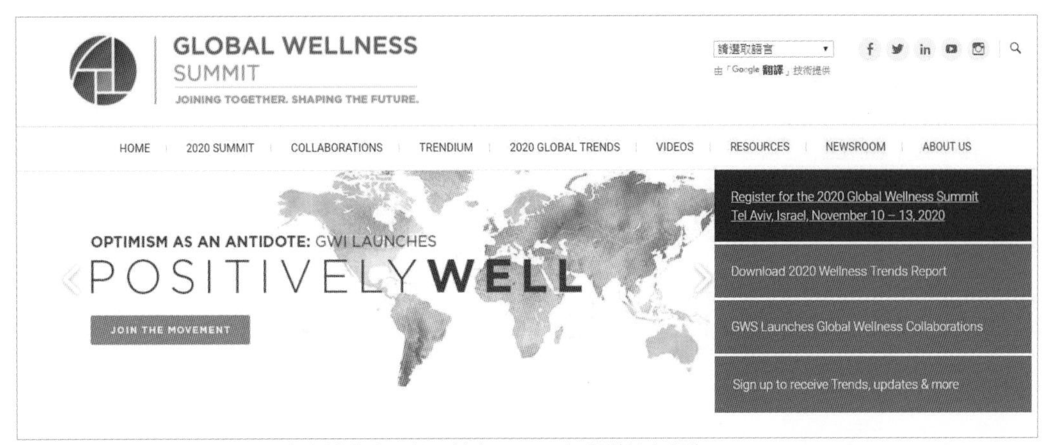

• Global Wellness Summit 每年舉辦的主題都不特定，2019 年舉辦的主題為：Shaping the Business of Wellness

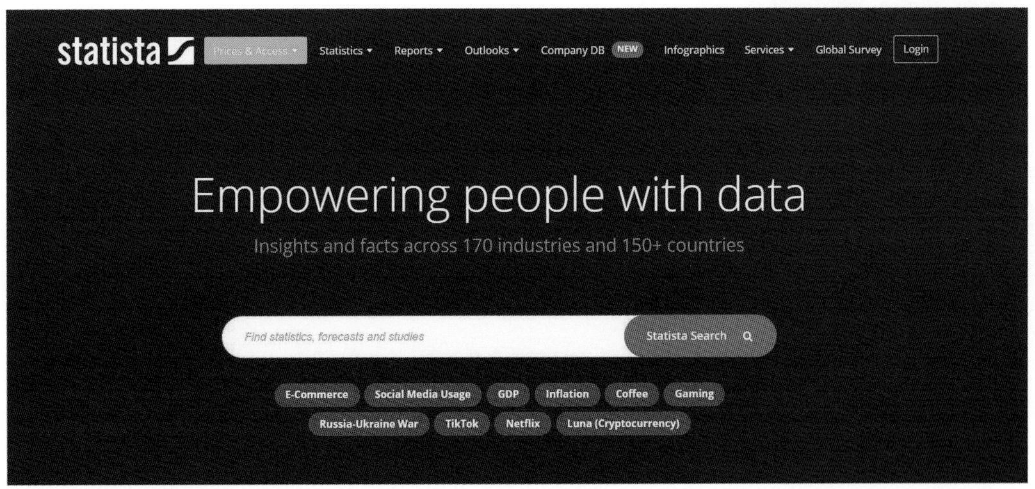

• Statista 網站上提供許多與 Spa 相關的資訊，舉凡與 Spa 有關的領域，如髮型設計、健身、旅遊、營養等皆有專題分析與專欄報導

1 Global Wellness Summit：2000 年代初，一批產業龍頭成立不以營利為目的的世界經濟論壇，會議上來自各地的領導者一起討論、解決共同的問題。從此全球水療及健康高峰論壇正式成立，自 2007 年起，每年都會舉行一次。

2 Statista：Statista 是全球溫泉產業發展的一個參考網站，他們針對 Spa 產業做了各種分析與調查，對於美容健康復癒產業來說，是最佳的參考網站。

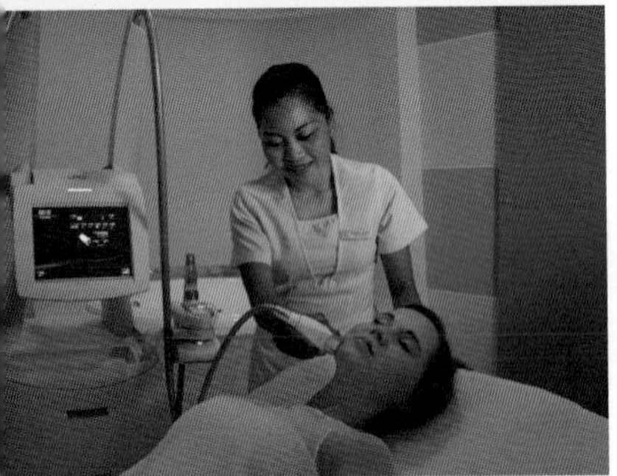

• The Chateau Spa & Organic Wellness Resort 為東南亞知名的養生療癒基地（圖片取自官方網站）

目的型 Spa（Destination Spa）—健康意識的抬頭

壓力、缺乏運動和不良的飲食習慣，造成現代人罹患慢性疾病的機率上升，以及平均壽命縮短的現象。我們知道健康的行為可以延長壽命，因此大家愈來愈重視健康的活動與預防醫學，而在預防醫學中，基因組織的概念正是未來產業的重頭戲。

諾貝爾獎得主伊麗莎白．布萊克本（Elizabeth Helen Blackburn）的研究顯示，老化和不健康的行為會使細胞受損，我們可以經過檢測與諮詢的過程輔助顧客了解現在的健康狀態，許多從事美容醫學或是預防醫學的業者，開始使用血液檢測與唾液檢測等方式來瞭解顧客，因為這是較容易實施且具有參考價值的方式。當然檢測模式會因為科技日新月異而不斷推陳出新，然而不管採取何種檢測模式，都得經過審視與評估，再行決定所選用的檢測模式。

目的型的 Spa 療癒基地能夠替顧客安排 3 ～ 7 天的改善療程，例如與主流醫院合作，為顧客做檢測後，由醫師針對檢測結果進行專業解說，再依顧客的檢測結果量身訂製符合顧客身心的健康療癒護理，包含營養諮詢、住宿、飲食設計、瑜珈、冥想、水療、抗衰老、活細胞療法、芳香療法等，短時間便能讓顧客感受到完整且有效益的健康療癒，使顧客提升對健康的重視，進而堅持並積極地改變生活態度與保健方式。

早期 Destination Spa 多位於歐洲、美國西部海岸等地區，因其目的性明確、有積極療癒行為，即便所費不貲，仍受到消費者的青睞。近年亞洲地區也開始注意到消費者對此類 Spa 的需求與重視，因此東南亞地區陸續成立了頗具規模的養生療癒基地。

代表性的 Destination Spa 有 CLP 瑞士草原療法中心（Medical Centre Clinique La Prairie），以及馬來西亞的城堡溫泉及有機療養度假村（The Chateau Spa & Organic Wellness Resort）等。

• CLP 瑞士草原療法中心（Medical Centre Clinique La Prairie）結合了醫療、住宿、健身，其中又以醫學水療曾在 2014、2015 年榮獲最佳醫學水療和最佳水療目的地而聞名，是五星級的療癒基地（圖片取自 http://www.travellermade.com/）

• 2022 年美國加州的沙漠中出現新的 SPA&Wellness——Sensei Porcupine Creek Retreat，透過 SPA、營養、運動和健康等項目，為顧客帶來全新的健康與幸福感（圖片取自 Sensei 官網：https://sensei.com/）

• EVEN Hotel 的四個健康理念分別體現於館內各個設施上

飯店型 Spa（Resort / Hotel Spa）—旅遊與健康結合

健康型酒店的發展趨勢愈來愈蓬勃，除了基本的服務項目之外，同時也趨向加入更多和美容健康相關的概念做複合式經營，像是置入健身、Spa 等設施，提供保健商品及各種維持健康方法的課程，此種複合式的經營趨勢將引領整個飯店產業。

國際衛生組織資料顯示，每二個成年人就有一位因體重超重而造成身體不健康的問題。在 Global Wellness Summit 針對產業進行的相關研究報告中顯示，旅遊結合健康的需求在疫情大流行後更加受到大眾青睞，健康旅遊的市場如前文所述，從 2017 年到 2019 年每年增長 8%。因此未來的旅遊業趨勢將逐步結合各種與健康有關的活動，採取這種計劃的業者正在全球不斷地成長中。

正因大家注意到健康與休閒的重要，世界各地的飯店開始陸續在大城市推出多元的加值服務，結合更多的健康項目來吸引顧客，如 EVEN Hotel 於 2014 年在曼哈頓成立了 All-wellness（健康復癒）的飯店，其中以四個健康生活型態為主要訴求：吃的好 Eat Well、持續運動 Keep Active、放鬆休息 Rest Easy、促進生產 Accomplish More。顧客入住時，會由專業的營養師為顧客做個人諮詢，安排適合顧客的飲食與運動計劃，讓顧客在房間內就能享受運動，同時也提供顧客許多與提升健康有關的活動。

許多大型企業認知到健康的重要性，開始針對員工身心靈的療癒及健康狀態提供出差員工可使用的健康方案，讓員工在工作之餘，也可以在飯店中舒緩工作帶來的壓力，進而獲得健康。例如國際間知名的阿曼酒店 AMAN 進駐日本，柯茲納國際控股有限公司（Kerzner International Holdings Limited）也已宣布 One & Only 將在杜拜開設 Resorts，以峇里島生態健康渡假為主的 Fivelements 也將於香港推出健康的水療概念，而 Six Senses 城市酒店，開始為顧客導入健康計劃，免費為顧客安排中醫諮詢。越來越多產業與健康結合的模板出現，尤其 2022 年是一個重新調理健康的重要開始，各地已經摩拳擦掌的準備迎接顧客，相信整個產業的未來發展將會越來越活躍。

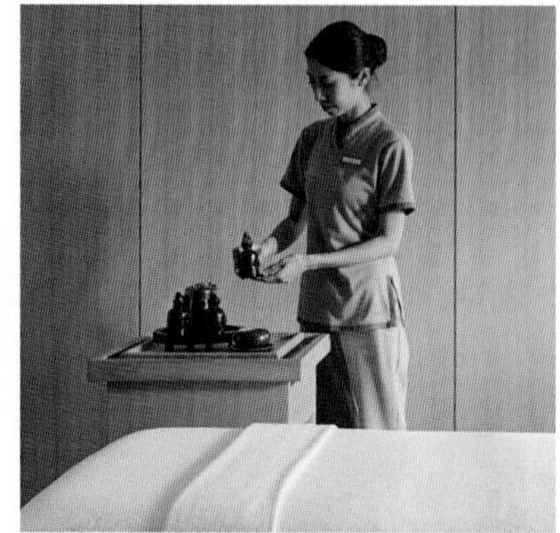

• 日本 AMAN Hotel 內附有水療中心，旅客在享受水療後，可接受專業按摩師的護理

• 新加坡 Six Senses 城市酒店內部特別規劃出中醫專區，提供旅客健康諮詢的服務

溫泉型 Spa（Mineral Spring Spa）—大自然缺失症帶來的商機

溫泉型飯店是利用天然的溫泉資源與 Spa 結合而成，此種結合溫泉的商業型態占盡地利之便，與產業整體發展搭配得天衣無縫。在全球人口膨脹，且農村人口朝都市遷移的趨勢下，都市化是經濟社會發展必然的現象，但都市化的代價就是造成環境破壞和汙染以及營養不良、醫療需求增加等大自然缺失症（Nature-Deficit Disorder）[3]。因此人們愈來愈需要藉由某些機會來接觸大自然，促使自己的身體恢復平衡與健康。

接觸大自然可以減少疾病、疼痛和促進睡眠，這是輔助身體恢復健康的重要方式，大自然缺失症所衍生的問題使得人們開始尋找更多體驗、接觸大自然的方法。愈來愈多業者在選擇地點或是設計療程、療房時，會尋求大自然元素或是結合綠色園藝，而溫泉型飯店的經營模式正享有地利之便，容易將大自然元素由外延伸至室內，這樣的設計讓人不再是「呆」在沒有窗戶的房間，更能徜徉在大自然的環抱，感受天然的環境與素材所帶給人的放鬆與舒適感。

現今各個行業與大自然元素的結合更為頻繁，此趨勢不僅顯現在 Spa 產業中，也體現在其他的公共場所（如：餐廳、零售店、酒店、醫院等）和家庭空間。同時，在療程計劃中，越來越多顧客開始重視在諮詢後，可以得到量身訂製的個人化護理療程。

• 2022 年美國葡萄酒之鄉 Napa Valley 的四季酒店中新成立的 Spa Talisa，取名靈感來自於美洲原住民術語「美麗的水」，將溫泉結合周遭美麗的自然環境，是放鬆的好去處（圖片取自四季酒店官網）

---

3 大自然缺失症（Nature-Deficit Disorder）：美國作家李查德 · 洛夫（Richard Louv）撰寫的《失去山林的孩子：拯救大自然缺失症兒童（Last Child in the Woods: Saving Our Children from Nature-Deficit Disorder）》一書，提出「大自然缺失症」一詞，這並非醫學上的疾病，而是指人類接觸大自然的機會愈來愈少，因而產生許多不協調的問題，如感覺遲鈍、注意力不集中、茶飯不思、抑鬱、好發疾病等亞健康狀態（未發疾病但表現出不適症狀的過度狀態）。據世界衛生組織一項全球性調查結果表明，全世界真正健康的人僅占 5%，經醫生檢查、診斷有病的人也只占 20%，75% 的人處於亞健康狀態。

都會型 Spa（Day Spa）—即時的療癒性護理

「一日內完成體驗」是都會型 City Spa 中最常見的商業型態，通常療程安排由 30 分鐘到好幾個小時皆可。大部分的消費者喜歡在有限的時間內選擇快速有效率的方式，而都會型 Spa 最能滿足此種需求。通常這類型的 SPA 是與國際品牌合作，或當地企業具有 SPA 理念夢想者開設，營業類型也是非常多元，過去的年代只有美容院、工作室、三溫暖等，自 2014 年 Ispa 協會將 SPA 的概念帶入亞洲後，這些營業型態就漸漸跟上全球的腳步轉型為 SPA，這是目前全球各大都會區最常見且最受歡迎的類型。

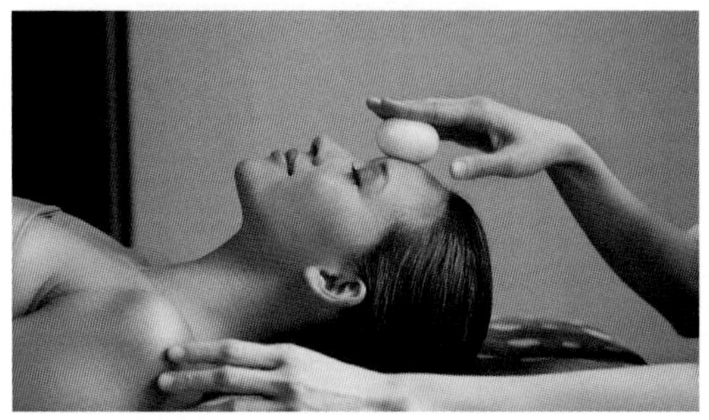

• 都會型 Spa 提供方便療癒的空間與服務（MEALA Cosmeseutical SPA 蜜納法式護膚中心提供）

• 登琪爾於 1988 年創立，成功從加拿大把 SPA 帶到臺灣，為亞洲與臺灣 SPA 界成功的品牌（圖片來源：http://www.enjoyspa.com/tw/）

前面已提到人們的壓力與痛苦指數近年來不斷攀升，世界衛生組織（WHO）近期公佈一項科學簡報，在疫情大流行之後全球人群焦慮以及抑鬱疾病增加 25%，這些問題未來將為全球流行疾病。這些壓力狀況造成身體疾病、精神疾病（如憂鬱症）、睡眠障礙等，嚴重者甚至會導致無法正常工作的情形。日本則於 1999 年起就已將工作引起心理疾病所造成的自殺行為納入職業疾病補償範圍。據統計，2020 年美國有 50% 的人有壓力的問題，而其中 1/8 的人患有抑鬱症。蓋洛普民意調查顯示，2019 年隨著全球邊境關閉、工作場所關閉和裁員，員工的日常壓力達到了歷史最高水平，從 2019 年的 38% 增加到 2020 年的 43%。因此 SPA 健康復癒的產業應該要思考如何協助人群調理或解決這些問題，壓力可能導致更多人心理和身體越來越倦怠、不安使得人們越來越減少加入人群活動且脫離與人接觸的機會，容易導致宅男宅女症候群與社交焦慮症，以及其他許多疾病和精神症狀。

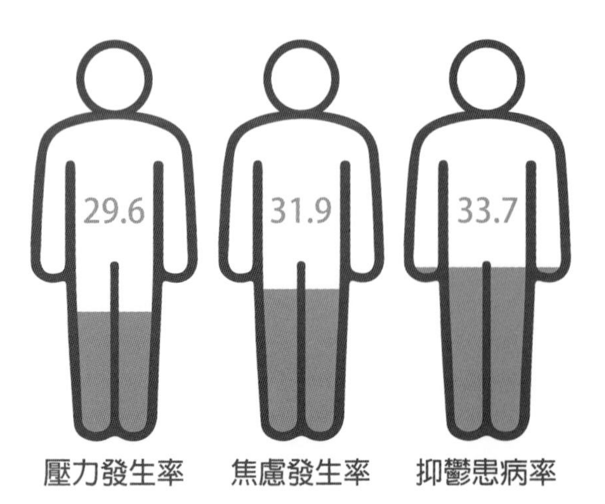

• 疫情大流行後對心理健康的影響：一般人群中壓力、焦慮、抑鬱的指數（資料來源：Globalization and Health）

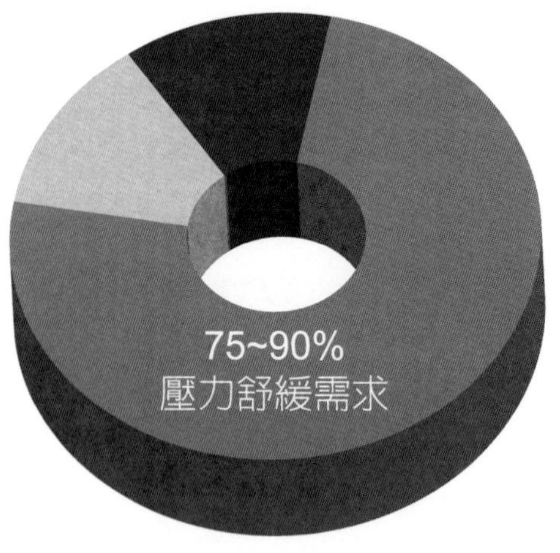

• 壓力舒緩需求指數（資料來源：SpaFinder）

種種數據顯示人們對於紓解壓力的需求增高，因此很多 Spa 在療程開始前將冥想靜坐導入療程中，藉以療癒人們的情緒和舒緩身體的緊繃。美國賓夕法尼亞大學（University of Pennsylvania）的一項研究也表示，長期禪坐可提高大腦的血流量。愈來愈多的數據顯示，按摩與心靈療癒能有效刺激腦內啡的產生，進而舒緩壓力，同時能提升精神、增加注意力。

因此，Spa 的設計若以精神情緒為重心將會有很大的商機，研究估計 2020 年後的十年，Spa 除了圍繞健康與按摩，更多的商機來自於結合心理治療。同時因為現代人運動量過少，肌肉訓練嚴重不足，因此肌耐力的提升和鍛鍊也是未來市場的重要需求。總而言之，正念、運動與按摩是舒緩壓力、調整身心的重要關鍵。

隨著交通便利與網路訊息快速流通，大家除了尋找一些活動讓自己放鬆外，更注重可以看得見實際效益的療程，因此結合傳統療癒的護理療程也逐漸受到歡迎，例如印度阿育吠陀（Ayurveda）、俄羅斯療法、中醫學或中國傳統經絡、五行學說以及芳香療法等模式，搭配身、心、靈療癒，能有效處理身體各種問題。預估一直到 2026 年，睡眠障礙、各種疼痛治療和疤痕修復等都是未來常見且基本的需求，而芳香療法將成為整體療法中的首選。

俱樂部型態 Spa（Club Spa）—無重力的護理需求帶動發展

全球健身流行趨勢將有 2.2 兆美元的豐厚利潤，根據國際肥胖工作小組（IOTF）的研究，肥胖是全球性人口共通的問題，全世界約有 11 億成年人超重，4.75 億人口偏向肥胖，在歐盟，大約 60%的成年人超重。

人們因健康意識抬頭，開始投入對身體健康質量指數（BMI）的監控，且更願意主動安排時間去尋找並實踐維持身體健康的方法，以及花更多的金錢讓身材維持窈窕美麗。放眼未來，全球健身市場具有無窮無盡的發展空間與前景，而結合健身俱樂部的 Spa 提供了多元、私密而且舒適的療程環境，通常是結合水療、運動與完整的健身設備、專業技術，以及提供優良的服務品質而受到歡迎。

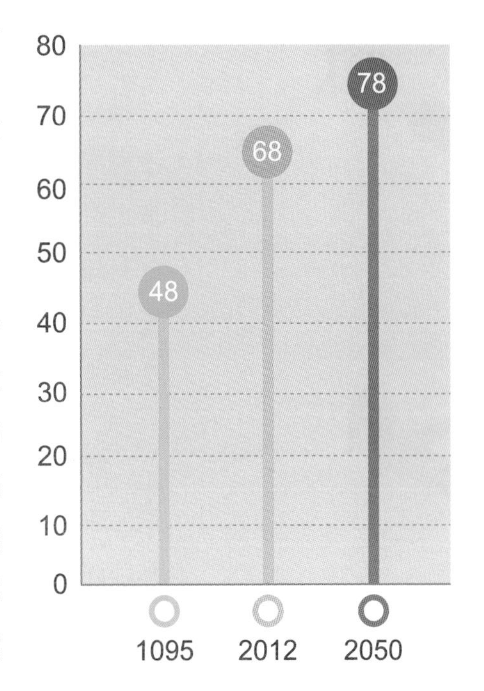

• 全球人口平均壽命統計預估（資料來源：Spa Finder 2013）

內政部公告全球男性平均壽命為 70.2 歲，女性為 75 歲，而臺灣男性與女性平均壽命均高於全球人口平均水準。雖然我們的醫療水準、生活品質以及運動和養生的概念越來越充足，但同時也發現全世界老年人中，每 10 人就會有 1 位行動不便人士，這樣的狀態意味著人們隨著年紀的增長，肌肉骨骼慢慢地開始產生疼痛等各種障礙問題，以及視力、聽力下降、精神情緒障礙等老化問題的產生，我們已經處於老年化的世代，該如何讓自己的老年依然健朗，是我們正在面對的課題。

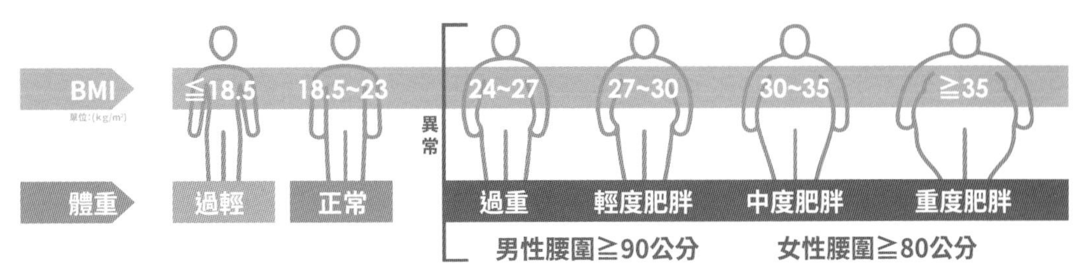

• 成人身體質量指數（BMI of Adult）

針對這樣的趨勢，很多的營業場所開始設立無障礙空間以解決行動不便者通行的問題，也有許多 Spa 或醫美中心增設緩解生理疼痛的護理療程。越來越多的國家提升女性權益而增設生理假，使得女性朋友們開始重視生理期的不適問題，以及私密處修復護理的照顧。醫學證據顯示水療、肌肉護理和游泳對於維持身體功能有很大的幫助，因此有越來越多的 Spa 或醫學美容的營業場所開始結合骨科醫生、物理治療師、脊椎矯正醫師和運動醫學專家、芳香按摩或無重力瑜伽等課程，藉以改善身體各種問題。

我們看到更多健身中心的訓練課程推陳出新，像是舞蹈、瑜珈、太極拳、體操、肌肉強度訓練、氣功、TRX 懸吊訓練等都能強化身體機能，這些日新月異的課程為行為不便、肥胖、老年化等帶來的各種不適問題提供了多元的解決方案。

• TRX（Total Resistance Exercise）透過不同傾斜角度及動作訓練全身肌肉，可以增加全身肌群的平衡、協調與穩定、身體柔軟度，達到燃燒脂肪、雕塑曲線的效果

遊輪 Spa（Cruise Ship Spa）—舒緩旅遊的好選擇

由於在遊輪上的時間頗長，再加上選擇遊輪旅遊的族群通常以家庭旅遊居多，因此遊輪為了滿足家庭成員在旅途中皆可享受到不同的健康娛樂活動，提供看得見海景的療程室讓顧客進行水療、Spa 放鬆、健身、運動等相關服務。過去遊輪常因場地大小有限，規模相對較小，相關服務項目也比較少，但是 2019 年後這些項目在遊輪上不但是必需的，有些遊輪也已開始為這些活動進行變身計劃。疫情大流行期間，遊輪產業一度受到衝擊，但也開始於 2021 年重新啟航重返公海。

選擇遊輪渡假模式的消費者通常是在尋找一種獨特的體驗，而遊輪公司不斷努力的讓旅客在這趟難得的旅程中，彷彿置身於另一個世界，並讓他們在船上無後顧之憂，盡情享受遊輪精心安排的每個環節，在旅途結束後仍覺得回味無窮。國際郵輪協會（CLIA）報告指出，搭乘郵輪的客人平均年齡為 47.6 歲。其中 33% 的人是 60 歲以上，另外 32% 的人是 40 至 69 歲，占比較少的年齡層為 20 至 39 歲占 20%，以及 19 歲以下約占 19%。

遊輪公司為了帶給大家不同的體驗，遊輪上的 Spa 除了常見的臉部按摩、熱石按摩、海泥敷體和芳香按摩以外，也會安排健康講座與健身相關的課程，使旅客學會營養的調配、瘦身、排毒、瑜伽和舞蹈等，教會旅客健康的訣竅，讓他們可以輕鬆的在日常生活中持續應用。同時為了增加顧客對品牌的青睞，他們對於 SPA 的療程與空間設計也頗為重視。2022 年 American Spa 探討了三個超豪華郵輪公司：Silversea、Seabourn 與 ESPA 的新 SPA 開發項目，我們可以清楚的看見，他們為了吸引精準的 TA 族群如高端顧客、旅遊經驗豐富者、有時間、有錢、需要長途工作以及嬰兒潮一代的顧客，從品牌理念、療程設計與環境等著手，用多樣化服務做鮮明的品牌規劃。

- 【上圖】美國歐羅丹（Eurodam）遊輪的 SPA 房可向外眺望景觀（圖片取自 Cruise Sisters）
- 【中、下圖】Luminosa 和 Pacifica 遊輪內部 Spa 客艙（圖片取自 Logitravel）

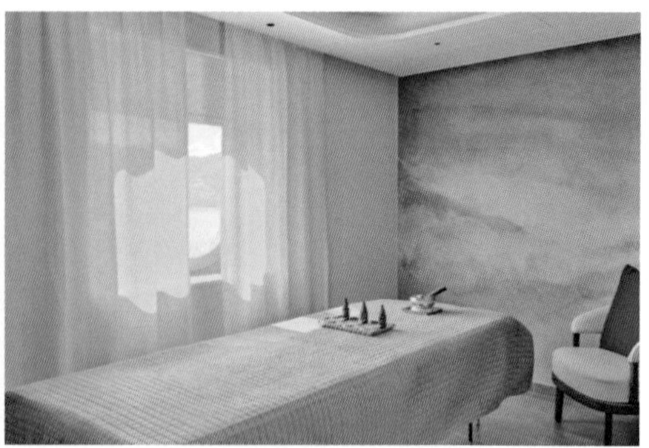

• 銀海遊輪的 Silver Dawn 於 2022 年 3 月啟航，可容納 596 名乘客，其中的 Otiumu SPA 設施從古羅馬式 SPA 汲取靈感，充分展現拉丁語「otium」的概念——擁抱快樂、休息和藝術追求，讓消費者享受良好的健康與生活體驗（圖片來源：https://www.silversea.com/lp-otivm.html）

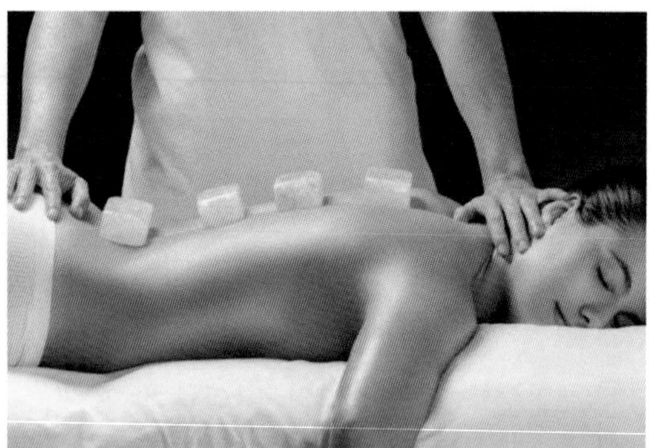

• Seabourn 遊輪與 Andrew Weil 博士合作，於船上提供 Spa & Wellness 服務，這是與醫學結合的療程概念，在 Weil 博士的指導下，Seabourn 將身體、社會、環境和精神健康結合在一起，提供消費者極佳的體驗（圖片來源：https://www.seabourn.com）

• 2021 年新啟航的 Evrima 遊輪是 ESPA 與麗思卡登遊艇合作的系列，其服務理念是以大海為靈感，為每位賓客量身定制，旨在促進身體恢復。麗思卡登一直是全球飯店與 SPA 產業間的標竿，這次他們進軍豪華遊輪，精心策劃所有賓客體驗，致力於為 SPA 領域樹立新的標杆（圖片來源：https://www.americanspa.com/news/espa-partners-ritz-carlton-yacht-collection）

2020 年全球健康經濟規模價值 4.4 萬億美元，但在 COVID-19 大流行後，整個市場營業型態與收入均受到重創。以健康旅遊產業為例，市場預估約萎縮 39.5%，從原先約 7200 億美元的營業額，減少至 2840 億美元。但也因為如此，大家對於健康的概念越趨重視，市場預估到了 2025 年，健康旅遊可實現 21% 的年長率。這是因為從 2021 年和 2022 年的壓抑後，人們對於自然、可持續性以及心理健康需求下產生的市場復甦。

美容醫學（Medical Spa）—醫學技術的發展

根據 2008 年 Aesthetic Industy Forum 的分析，全球美容市場每年平均成長 13%，身體雕塑成長 19%，微整形植入式填充劑成長 16%，肉毒桿菌注射成長 15%，成長最高的療程是藉由微整型的方式來使肌膚緊緻的療程，其成長為 21%。而 Terakeet 的美容行業報告中指出，2020 年對全球 SPA 產業來說是過山車之年，雖然這幾年各大品牌受到 COVID-19 的打擊，但是後疫情時代眾人將漸漸的恢復以往的活動，同時更加注重健康療癒，預計到 2025 年總收入將超過 7160 億美元。

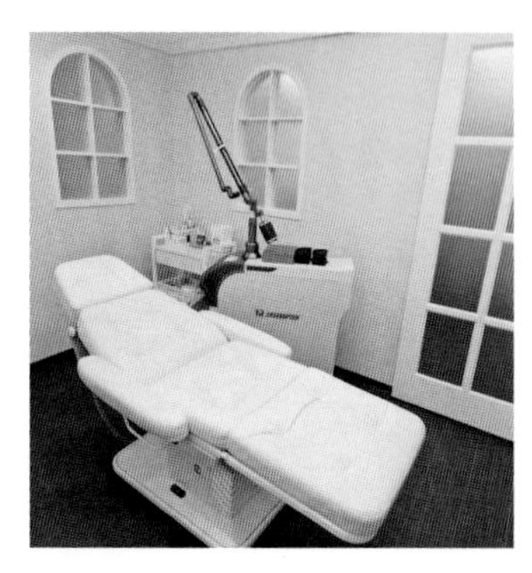

• 美容醫學異軍突起（瑞醫 SWISSPA 提供）

• 表 2008 ～ 2012 全球醫學美容市場銷售分析（每年預測成長 13%）

Market Segment 市場分析	Global Sales In 2008 全球銷售（$MM）	2008 ～ 2012 CAGR 複合年均增長率
Body Shaping（身體雕塑）	377	19%
Energy Devices（雷射與光療）	815	1%
Fillers（微整形植入式填充劑）	823	16%
Fractional Devices（飛縮儀器）	184	3%
Neuromodulators（神經遮斷劑 肉毒桿菌）	899	15%
Skin Tightening（微整形皮膚緊緻）	138	21%
Others（其他）	1809	14%
Total（總計）	5044	13%

• 表 2022 年美國不同美容類別按收入計算的美容市場份額

類別	市場占比
頭髮護理	24%
皮膚護理	23.7%
化妝品	14.6%
香水、古龍水	9.5%
除臭劑、個人護理、女性清潔	8.5%
口腔衛生	5.6%
其他	14.1%

資料來源：Aesthetic Industry Forum

醫學美容包含的範疇也很廣泛，其中包括肌膚鬆弛與皺紋、痣、斑、疤、脂肪、毛髮處理、膚色調整、胸部重塑、雷射、換膚、骨骼保健、與牙齒護理等，研究指出 2021 年全球醫美市場銷售額保持在 646 億美元，全球醫學美容市場預計到 2028 年，約增長 10.5%，其中非侵入式醫學美容占 50%，處於醫美市場的主導性項目。

消費者對於預防醫療的需求增加，這些預防老化、抗衰老等注射療程成為未來優勢。而由於成年人對自己外表的在乎，肉毒桿菌，玻尿酸等非侵入式的項目也是最受歡迎的類別之一，因為這類型的護理與侵入性的護理相較，能減少痛苦、且更能快速見效和更低的成本。因此未來醫學美容市場需求會增加，科技先進的美容儀器設備也會成為消費者喜愛的項目之一。

美容醫學與醫學美容

我們常說的「醫美」，嚴格來說包含了美容醫學和醫學美容二者。美容醫學，顧名思義是一門「醫學」，美容醫學的定義只是在改善身體的外觀，不是治療疾病；割雙眼皮、打玻尿酸、抽脂塑身、雷射、脈衝光等這些具侵入性的外觀改善行為都屬於美容醫學，需要由專業醫師和護理人員來操作。而醫學美容，「醫學」是形容詞，主要仍是美容行為，如保溼導入、美白導入，或是顧客接受美容醫學療程後的保養等。

旅行商業同業公會以平均每人消費 4 萬元預估未來臺灣醫美、健檢的平均營業額，兩者合計後，年產值可望上看 400 億新臺幣。根據國信證券研究報告顯示，2016 年臺灣有 3,000 多家醫美診所，其中約有 1,000 到 1,500 家的業務專門針對醫學美容，消費人口集中在 20 ～ 70 歲間，其中以 30 ～ 55 歲的人口居多，約有 700 億的消費金流。雖然看起來商機無限，但提供服務時，也要注意服務品質與後續處理，因為市場飽和或是品質不一、加削價競爭等因素，容易造成生存的困難。

• 表 2018 年全球健康經濟

年度與市值 / 項目	市場規模（十億美元）		年平均增長
	2015	2017	2015-2017
個人護理，美容抗衰老	$999.0	$1,082.9	4.1%
健康飲食，營養和減肥	$647.8	$702.1	4.1%
健康旅遊	$563.2	$639.4	6.5%
健身與身心	$542.0	$595.4	4.8%
預防和個體化醫學	$534.3	$574.8	3.7%
傳統與輔助醫藥	**$199.0	**$359.7	**
健康生活方式	$118.6	$134.3	6.4%
SPA 經濟	$98.6	$118.8	9.8%
熱 / 礦物溫泉	$51.0	$56.2	4.9%
職場健康	$43.3	$47.5	4.8%
健康經濟	*$3,724.4	*$4,220.2	6.4%

• 資料來源： GLOBAL WELLNESS

• 從 2015 年至 2017 年從 3.7 萬億元，成長至 4.2 萬億元，約成長 6.4%

2019 年開始，全球醫學美容市場預計將以 11.5%的速率增長，直到 2025 年預計將達到 222 億美元，這其中包含了微創和無創手術的市場。由於外觀的改善是透過外科或是非外科的醫學美容模式進行，有一定程度的風險必須承擔，這也是此市場發展的阻力之一。

全球醫美市場除了上述分析項目外，近幾年還包括面部埋線提拉、美體儀器設備、雷射脫毛、去除紋繡與女性私密處雷射護理等項目，而面部是為主要市場。消費者通常會以選擇具有口碑的醫院、診所、美容中心為主，地緣考量也很重要。

微創與無創手術的差異

微創的意思是手術造成的傷口很小，大致來說，比傳統大剖面、大橫切面手術造成的傷口小，就會稱為微創手術。

無創手術後所產生的傷口則是比微創手術更小，幾乎看不見，開刀過程中只會有微量的出血。

居家 Spa 護理（Home Spa）—延續療程效益

居家進行臉部或身體相關保養，可以搭配商品和儀器設備輔助增加效益，進而達到延續身心靈照護的效用。在家中建議以泡澡、氣泡浴、蒸氣浴、芳香精油、日常保養品與保健食品等方式，讓消費者在家裡也一樣能獲得最舒適的 Spa 享受。

疫情雖然對整個市場造成衝擊，消費者與店家的行為模式轉為虛擬，COMMON THREAD 統計，2022 年美容行業趨勢與化妝品營銷，透過調查發現各個國家與地區因為消費習性不同，其各國線上消費的指數亦有所不同。想要在市場上占有一席之地，必須透過了解市場發展趨勢，尋求適合自己可以持續營業的模式。為了讓消費者在家也能輕鬆照顧自己的身心健康，通常會透過 Youtube、Zoom 直播、影音 Podcast 錄播等形式將品牌與應用思維在網路與顧客進行互動，維繫與顧客間的緊密互動。

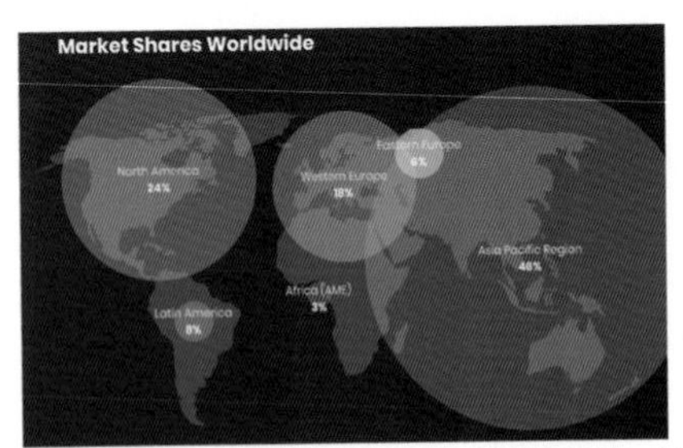

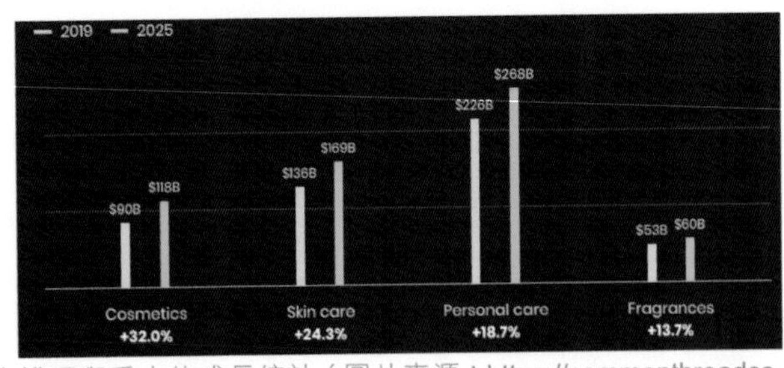

• 2019～2025 針對美妝品、肌膚護理、個人護理與香水的成長統計（圖片來源：https://commonthreadco.com）

機會在哪裡？

「包容性美容產品」崛起

2017 年，歌手蕾哈娜（Rihanna）推出美妝品牌 Fenty Beauty，以「Beauty for All」為中心理念，風靡全世界。此類以「包容性」為主打訴求的美容產品，在未來美容市場商機無限。「包容性」意味產品不再只侷限於刻板印象中的美麗，也有專門為男性、不分性別、有色人種等不同定位來設計的產品。此外，**70%** 的更年期女性希望看到絕經的美容產品，嬰兒和兒童的個人專屬用品市場也都是亟待開發的市場。

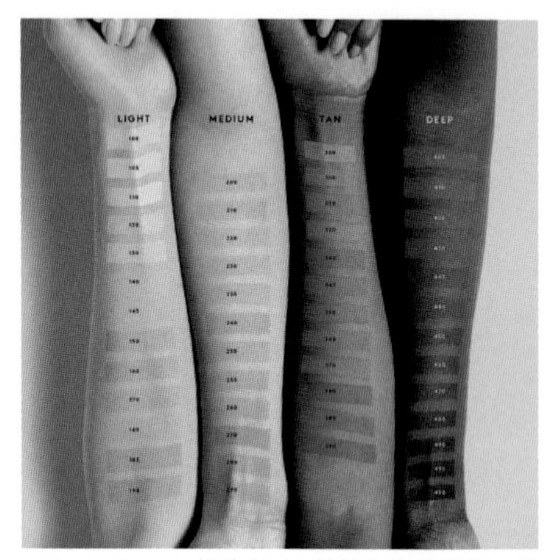

• Fenty Beauty 推出了 50 種顏色的粉底液，任何膚色的人都能在這找到最適合自己的粉底液

現在消費者崇尚的不只是知名品牌，更希望能清楚了解這些用在身體上的產品成分，同時也關注產品是否為有機、有無噴灑農藥、天然程度為何，以及是否有添加香料、色素等會對皮膚產生影響的成分。美國在 2020 年實施新的產品標籤規定，要求業者於產品包裝上列出可能產生的過敏原，而這個標籤規範涵蓋空氣清新劑、碗盤清潔劑和其他家用清潔劑等。

健康與科技的結合

虛擬技術 AR 的穿透體驗顯然也是影響未來美容業發展的因素之一。2019 年歐來雅旗下品牌 Armani Beauty 宣佈將 AR 納入微信應用程序。旗下另一品牌 NYX Cosmetics 推出 Live Makeup Consultation 平台，化身線上虛擬的美妝顧問，指導用戶使用產品。平台預估將會創造每月 20 億的活躍用戶消費參與度，但此種方式對於長遠的未來是否會產生更大的普及，基本上尚待市場的變化並需要持續觀察。而 YouTube 推出了 AR Beauty Try-On 的 Beta 版服務，只要打開美妝影片，觀看者就可以直接透過 AR 技術，將影片中提到的美妝產品試用在自己身上。

疫情的大流行也導致了新的商業行為產生，各種 APP 和 Zoom 已經家喻戶曉，不用出門就可以獲得高水準的服務，通過智能設備進行非接觸性的非接觸性療癒，例如：睡眠管理、壓力調節與免疫力提升方案等，這些方式都可以讓消費者減去通車以及與人群聚的機會，同時還可以透過線上平台與顧客保持聯繫進行生活指導與關懷。利用 Well tech 等科技儀器進行監測，無論是輔助監測血糖、心律狀態、行走記錄與各種危險數據警告，使我們時時警惕保持健康。人工智能的發展顛覆了傳統提供服務的方式，對於營運商與從業人而言可以注意其中的契機與危機，以免遭到淘汰的風險。

男性消費能力不可小覷

全球男性們這幾年也開始注重「面子」問題，願意花費大筆資金在自己的容貌和保養用品上，因此針對男性保養的相關商品正迅速增長。Spa 也針對男性市場建立全面的「美麗」菜單。根據美國統計，在 18 ～ 34 歲的男性中，有 25%的人做過指甲，而 20%的人有做臉的經驗（快接近 22%的女性消費經驗）。由於這些新一代的消費族群進入，男性 Spa 與美容服務正持續走向高峰。

• 男性消費力愈來愈強

男士護膚與美容產品在美國正快速增長，男性消費習性從理髮院的保養延伸到在醫美做微創護理。維持身形已經不是女性的專利，2021 年英國研究發現，16 ～ 40 歲男性中有一半是因為對自己的身形健康感到困擾，另一半是因為濫用藥物造成身體毒素囤積與後遺症，例如類固醇濫用造成身體的負擔或代謝障礙。這個情況將推動著男性積極透過運動與淨化身體來保持身體內在與肌肉的健康。

• 17 歲美妝網紅 James Charles 為第一個登上 CoverGirl 的男性美妝代言人

這也說明了運動會員俱樂部的商業契機，主要是以透過運動釋放壓力、調整體型、提升免疫，並且提供 SPA 相關服務，無論是身體、臉部或是居家使用產品，如此在同一個場域中可以滿足不同健康需求的消費者。

不分性別的中立產品更是未來大家關注的市場，像是英國時尚購物網站 Asos、美國時裝品牌 Calvin Klein 皆開始銷售男性化妝品，而 M.A.C、Tom Ford 等專櫃彩妝品牌也推出了不分性別化妝品系列。開架彩妝品牌 Maybelline 和 Covergirl 因應市場需求的趨勢，則首度找了男性品牌大使來代言。

• Maybelline 邀請了品牌有史以來第一個男性大使 Manny Gutierrez 來代言自家的 Big Shot 睫毛膏

精油與有機市場

根據商業研究公司的《2022 年精油全球市場報告》，隨著水療行業的發展，到 2026 年，精油市場預估將達到 210 億美元。疫情大流行加速了自然療法與芳香療法的產業發展，其中芳香精油由於具有抗感染、抗氧化、抗菌等特性，被廣泛應用於各個管道，如情緒、健康平衡、免疫調節、食品工業、預防醫學與 SAP 療程與保養品等，同時對於前述壓力的相關問題，精油能輔助緩解情緒、壓力、憂鬱、抑鬱與失眠等困擾，這對市場增長有積極的影響。根據區域分析，由於消費者對精油益處的意識不斷增強，預計亞太地區精油市場將在 2028 年到達 60.058 億美元。當然這些精油產品要注意必須不含香料、色素、勾兑、除草劑、殺蟲劑等，這些天然物質彌足珍貴，造成市場需求與價格也跟著水漲船高。

商機來自於人們追求更健康的生活

Spa&Wellness 美容健康復癒產業能提供有效又專業的服務，使人放鬆與調整身、心、靈平衡，使之回歸最原始的狀態，這是現今消費者所嚮往的，因此創造了產業蓬勃發展的機會。Spa&Wellnes 的定義已可擴大為包含旅遊、化妝品、保養品、健康食品、芳香精油、瘦身產品、美髮用品等各種產品，亦包括微整形、整型手術、美容保養、身體護理、彩妝、纖體塑身、健康體重管理、預防醫學、Spa、醫學美容等專業服務。

人們隨著環境變化對外在與身心健康越來越重視，對於休閒品質的提升與外型容貌的維持度，使得 Spa&Wellnes 被需求程度大幅增加。現代人生活在都市叢林中，生活緊張、睡眠不足、工作壓力大，缺乏時間為自己建立良好的健康管理，然而這對於產業來説卻是創造績效的良好契機。無論是什麼原因造成緊張壓力與情緒問題，Spa&Wellnes 重視身心靈照護，而今更是加重心理層面的平衡療癒。根據全球健康研究所數據指出，心理健康的市場需求已經達到 1210 億美元，許多 SPA 中心為顧客介紹各種自我提升和正念練習，包含讓顧客獲得更加安穩的睡眠、記憶力與注意力集中的學習、冥想以及健康的飲食調整或相關功能性食品來滋養大腦的健康，尤其是疫情大流行之後這類的需求更是增加。

長期以來大自然給予人們的恢復能力有口皆碑，因此綠色產品、植物配方、健康旅行以及結合自然與藝術和健康的場域，讓身心回歸原始，『自然主義』將是下一代回歸基本的健康方式。

同時經過統計，全世界每年在醫療保健上的花費已經高達 8.3 萬億美元，慢性疾病越來越多，人們雖已在追求健康上花費大量金額，但還需要改變過去不良的行為習慣才能達到長久的效果，因此他們需要專業指導人員協助應用與堅持健康的行為，這一直是醫療保健產業缺失的一環。國際間正興起專業人員培訓計劃，讓人才透過完善的培訓計劃、執行標準獲得專業認證。這些經過認證通過的人，越來越多的成為私人的專業指導員，以及他們與醫療機構、醫生、健身俱樂部、渡假村、SPA 或醫學美容中心等配合，成為顧客專業的健康顧問（也稱為 Health&Wellness 的教練）。

以下將這些型態做兩個主要區分，讓大家能更清楚知道這些類型的位置與範疇，以便在規劃時可以符合市場需求同時找到合作的機會。左邊以旅遊做結合，左右分為單純的 SPA 或是結合 Wellness 或醫學，上方是調理情緒與 SPA 的身心結合，中間越接近 SPA 與醫學的結合，而越下方則為醫療成份較偏重的形式。我們可以看到越來越多的形式與旅遊結合，最後頭皮、美甲、美睫與紋繡眉毛眼線等通常是 SPA 附加服務。由於現在越來越受大眾喜愛，加上進入門檻較容易，因此近幾年有很多人加入此行列。

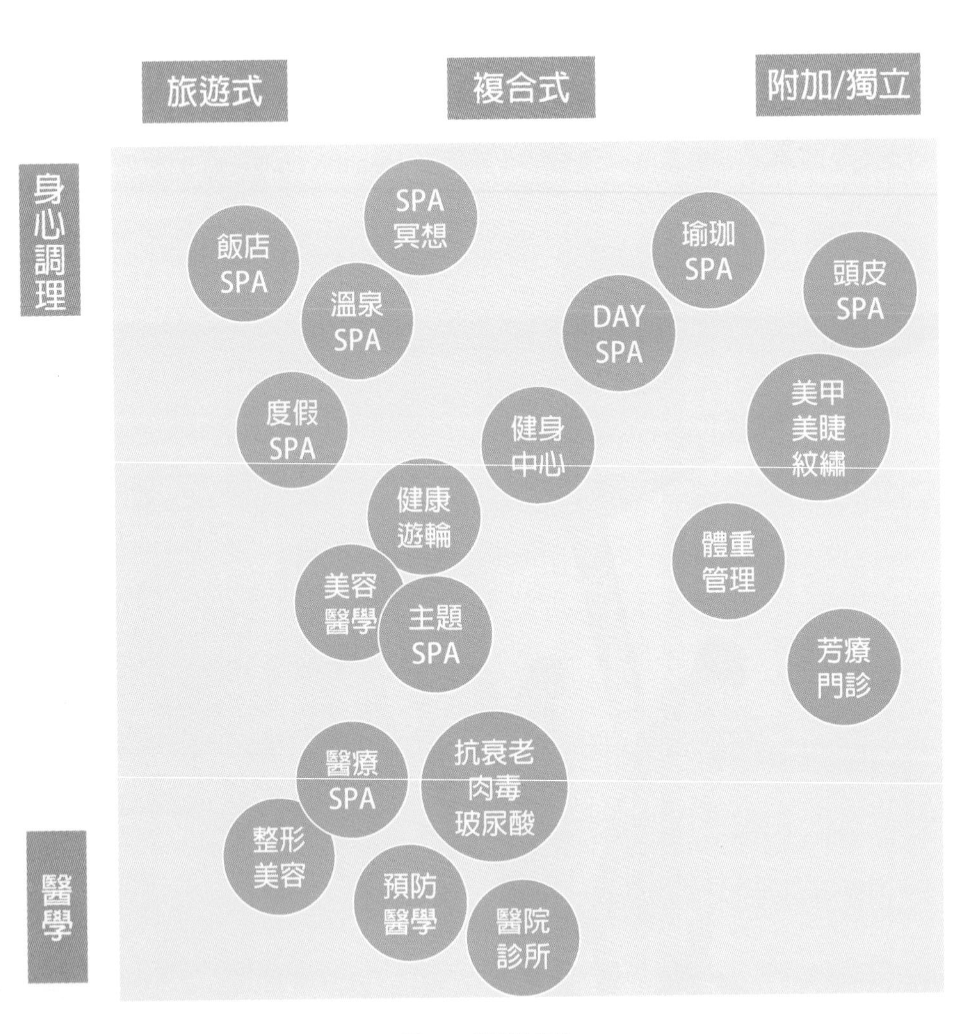

• 不同 SPA 類型的定位。

同時我們也可以藉由了解市場趨勢選擇可以進入的契機，做出符合市場需求的規劃，以促進產業提升。以下是 Coyle Hospitality Group 調查全球 Spa & Wellness 消費行為的分析圖，可以作為營運的參考。

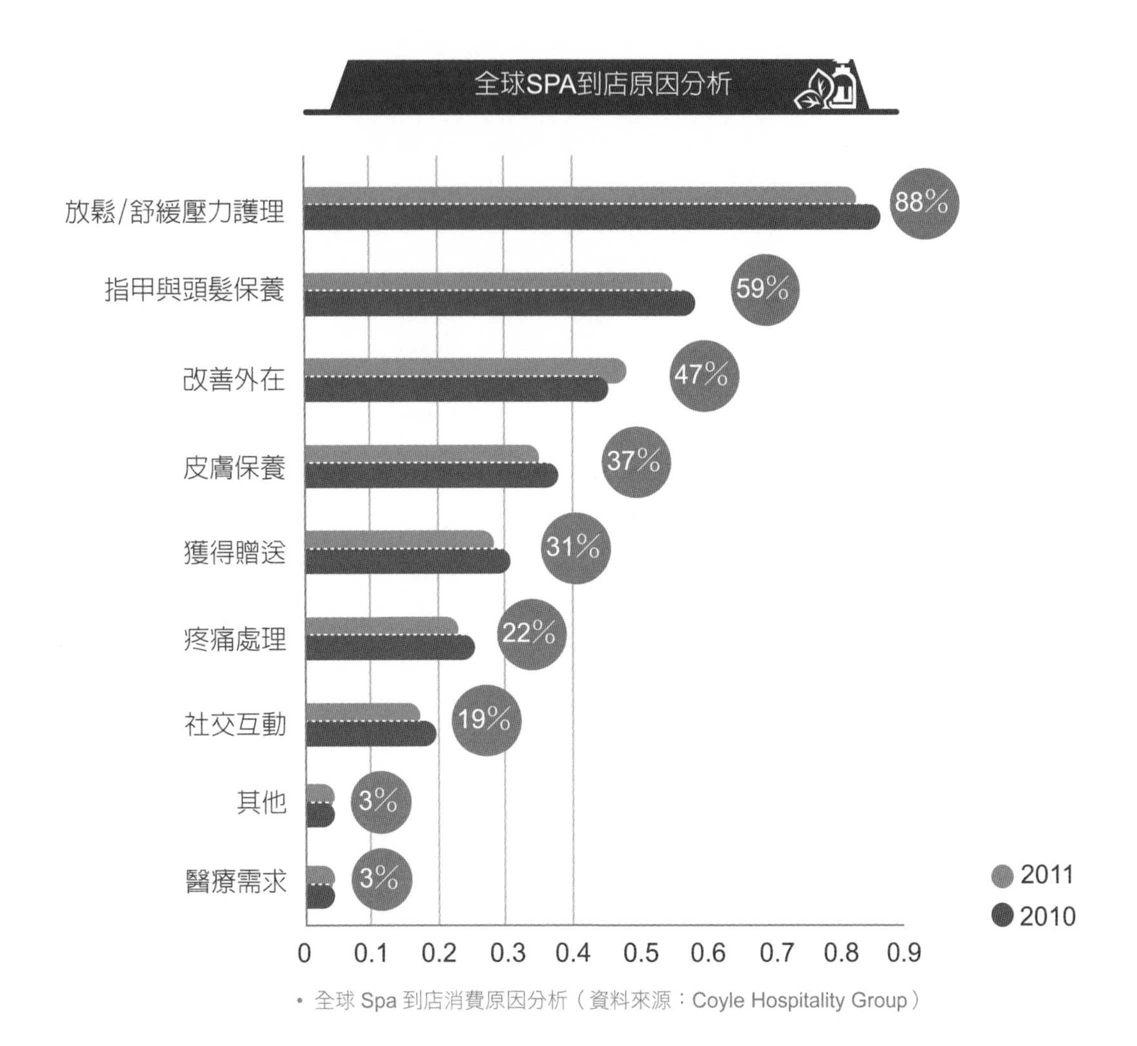

• 全球 Spa 到店消費原因分析（資料來源：Coyle Hospitality Group）

對於未來我們都希望不要再經歷疫情風波，但環境的改變讓我們比以往更加重視健康，這對於健康復癒的產業來說絕對是好消息。

疫情大流行後消費者願意回歸到店的類型

根據 Mindbody 統計，有 64%的消費者很願意回歸消費，其中有 54%的人想重返針灸、穴位指壓與脊椎按摩等，理髮約為 39%，按摩 49%、美甲 47%、肌膚照護 38%、Wellness 54%、Day SPA 31%、美睫 37%，而其中大家願意返回的首要關注點是要降低感染的風險與照護顧客的健康，因此安全變得更為重要。60%的人計劃返回之前的服務中心，其中有 43% 的人希望尋找最安全且專業的服務。

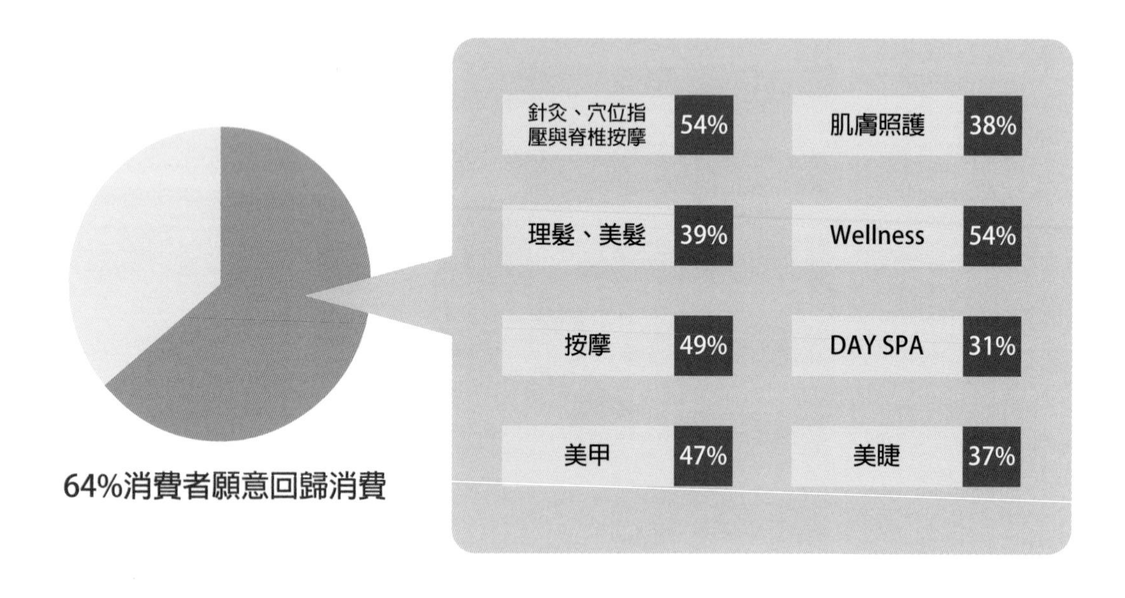

• 消費者對於不同類型服務的回歸消費意願。

因此，未來我們要注意哪些事情會讓顧客有安全感。幾乎 80%的消費者還是希望看到服務人員戴上口罩、注重清潔與消毒，同時在進行服務前消費者對於虛擬預約感到興趣，因此我們要開啟線上預約與諮詢的機制。無論是在官網、臉書或是與系統公司，為您的顧客設立一個完善的預約機制，不但可以減少接觸，又能給予顧客最佳的建議。但是我們要注意，線上預約是純文字的形式，容易錯過與顧客交談的機會，若能在線上進行 1 對 1 服務，不但能讓顧客感到尊重，也能拉近彼此的距離。

Spa & Wellness 的工作機會激增

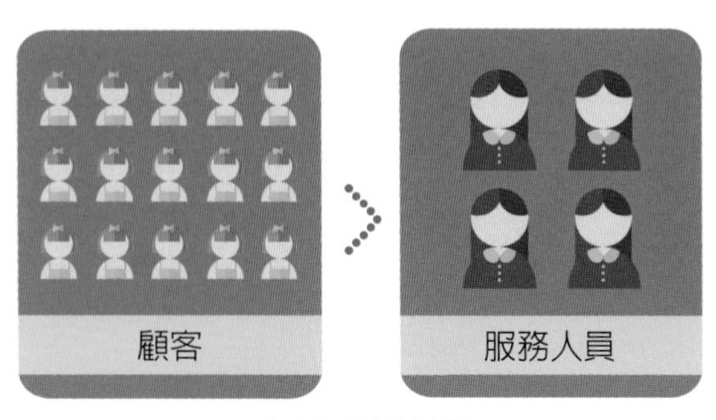

• 人力與需求對比圖

從全球龐大的健康市場（橫跨水療、替代醫學、營養學、體重管理、健身、企業健康和醫療保健旅遊業）來看，產業將繼續隨著經濟型態的轉變，延續從產品、服務到預防健康的熱潮，隨著愈來愈多的個人、企業、政府、醫療機構、保險公司等不同需求，Spa 水療和健康行業也因疫情大流行而遇到瓶頸，有些從業人員失業、有些人不想投入與人接觸的工作、因此產業間產生找不到專業人員的斷層窘境。

國際勞工組織估計，自 2022 年全球失業人數約有 2.07 億人，與疫情前相較比 2019 年的 1.86 億人口高出約 11%。雖然我們看見有這麼多的失業人口，在全球就業危機的世代，Spa & Wellness 產業的人員需求早已超出實際需求供給量，市場人力嚴重缺乏，因此大型公司開始成立學院，引入人員轉投入 Spa 健康產業，政府也積極推動專業職能人才培訓計劃，如此可為市場培養出更多專業的人員，企業也能為自己培育和選擇更多合適的人才。

✔ 以下的提問能幫助你釐清營業模式以及行銷方向

- 為什麼人們會去 Spa & Wellness ？
- 什麼樣的 Spa & Wellness 方案能捕獲目標顧客的注意力？
- 什麼樣的行銷通路會影響交易行為？
- 該如何留住客戶？如何促進顧客上門？
- 需要提供什麼樣的氛圍環境給您的顧客？
- 有多少資源？希望經營哪些服務？未來市場的趨勢是否已掌握？
- 目標服務的對象是否已設定？年齡範圍多少？
- 該怎麼做才能達到永續經營的目的？

Lymphatic

CHAPTER 3

開店前你該做什麼

本章依實際工作經驗，同時搭配產業相關資料，讓讀者清楚的了解開店展業時的流程與應注意的事項，後續章節將以開店前置作業、開店籌備作業、店面營運作業等三大部分，加以說明不同階段所需要完成與注意的事項。

瞭解市場後，你可能已經決定要開設一間 Spa 或是 Wellness 中心，無論是新設立、拓店展業，抑或是擴展加盟店，如果要減少犯錯的成本和時間的浪費，應將每一次的經驗書面化，並為工作設立相關標準作業流程，以便在日後新的開業拓店作業時，都能有完善的參考依據以及良好的商業計劃。

通常在展業前，我們需要進行市場競爭力分析、可行性分析、財務規劃、未來營業項目規劃、商圈調查、法規調查、採購相關買賣合約制定、員工聘用、價格與行銷策略擬定，以及開業後的標準作業流程制定等，由於需要注意的枝節頗多，所以需要於事前完善的規劃，才有助於成功順利地開店拓點。

投資前分析

開店前首先要澈底了解所需籌備的相關事務，尤其是財務計劃，並設定好營運相關事宜。只有一股想要開店的衝動想法是不行的，許多人憑著擁有一身好技術或已成功設立一間店，就想繼續展業；或投資者想找投資標的，於是直接找個店面就開始裝潢，單憑感覺和想像去經營；這兩者通常開業後腰斬的機率都偏高。光憑「喜歡」或「想開一間店」的動機去經營一家店真的太薄弱了，但是要開店當然需要「想要」或是「喜歡」這行業，否則沒有動力又怎麼能持久經營？

我們需要在開店前做好相關展業規劃以及長期作戰的心理準備，詳盡的規劃與分析可以確定執行的相關步驟，完整的營運計劃可以確認成功的機率以及可能發生的潛在風險，你可以運用企業以及學術界經常採用的分析模組來幫助你分析並瞭解你的未來，在此舉例兩種經常使用的分析工具：SWOT 與五力分析。

行銷分析常見工具

- 環境分析階段：
  SWOT 分析、五力分析、PEST 分析（Political 政治、Economic 經濟、Social 社會與 Technological 科技）
- 行銷策略規劃階段：
  STP 分析（Segmentation 市場區隔、Targeting 目標市場、Position 定位）
- 行銷組合階段：
  行銷 4P（Product 產品、Price 價格、Place 通路、Promotion 推廣）
  行銷 7P（4P+People 人員、Physical Evidence 實體展示、Process 服務過程）
  行銷 4C（Customer 顧客、Cost 成本、Convenience 便利、Communication 溝通）

SWOT 分析

由哈佛安德魯斯（Albert Humphrey）在 1971 年所提出，是針對內外條件進行綜合性分析的一種方法。這是市場上最常被使用的分析模型，SWOT 分析可以確認企業應該要朝向什麼規模、要有哪些取捨才能發展出你期望的樣貌，對於在整體市場發展的強項與機會點在哪？利用 SWOT 分析進行相關藍圖戰略規劃，可幫助自己瞭解與掌握展店的策略發展。

優勢（Strength）與劣勢（Weakness）是針對企業內部本身的優點和缺點，包括設施、設備、技術、人力、制度、組織等進行分析。機會（Opportunities）則能輔助企業掌握自己與外在環境下的契機，威脅（Threats）則是使企業掌握組織在發展過程中外在環境的變化因素，包括經濟狀況、消費者、法規、情勢變化等。針對要評估出來的條件，我們在訂下方針時需充分運用優勢（S）、掌握機會（O）、化解外在威脅（T）、並且矯正劣勢（W），以輔助企業有效掌握，進而達成發展的目標，以強化自己的競爭條件。

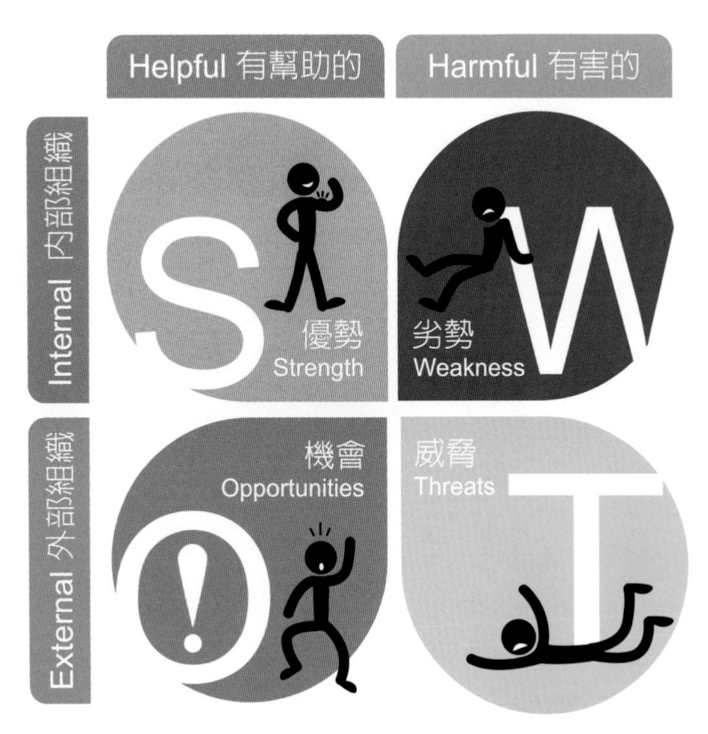

• SWOT 分析

波特的五力分析

波特的五力分析（Michael Porter's Five Forces Model）主要是分析你在產業的競爭優勢，因此又被稱為競爭優勢分析，主要針對：

1.Threat of New Entrants 潛在進入者的威脅

2.Threat of Substitute Products or Services 替代品的威脅

3.Bargaining Power of Buyers 購買者的議價能力

4.Bargaining Power of Suppliers 供應商的議價能力

5.Rivalry Among Existing Firms 現有廠商競爭程度

這五種力量的不同組合，最終會影響產業利潤的變化。

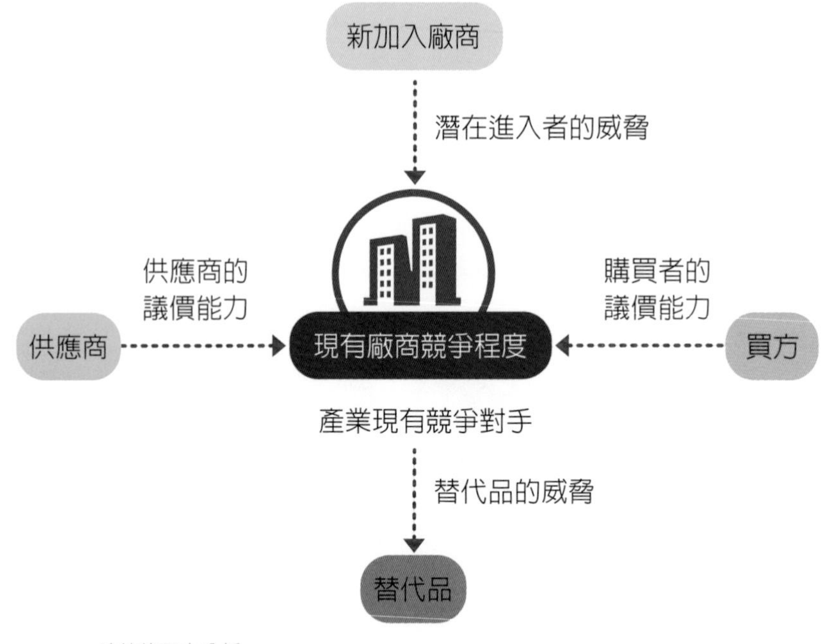

•波特的五力分析

當區分出核心競爭力在哪時，就可以準備開店了。開店前當然必須有清楚的藍圖，方能有條不紊地在不同階段完成相關作業或做適當的人力安排。開店的藍圖，我們稱為展業計劃，它能幫助你在展業時，做適當安排、確認與檢視，當然這些順序會因為企業發展的大小或流程的不同而做適度調整，但基本上原理都是相同的。

展業計劃

當決定要展店或展業時，首先要確定未來展業發展型態與種類，相關種類可以參考第二章。首先針對準備擴展的市場型態列出競爭對手，並觀察整體服務趨向，將服務顧客的作法、裝潢設備、服務項目與相關法規等進行全面的調查。要對市場有基本認識，就要深入了解消費族群的需求，深入了解後才能理解驅動消費者前來消費的動機，並由此擬出未來經營的方向，這樣營運發展較能長遠。在確認概念時，資金的運用和企業的經驗都要仔細審慎評估，然後再開始進行展業相關計劃。

以下是針對展業流程中在不同階段需完成的相關作業流程建議圖，不管是個人或公司、新開店或開分店，都可以參考此流程圖做調整。

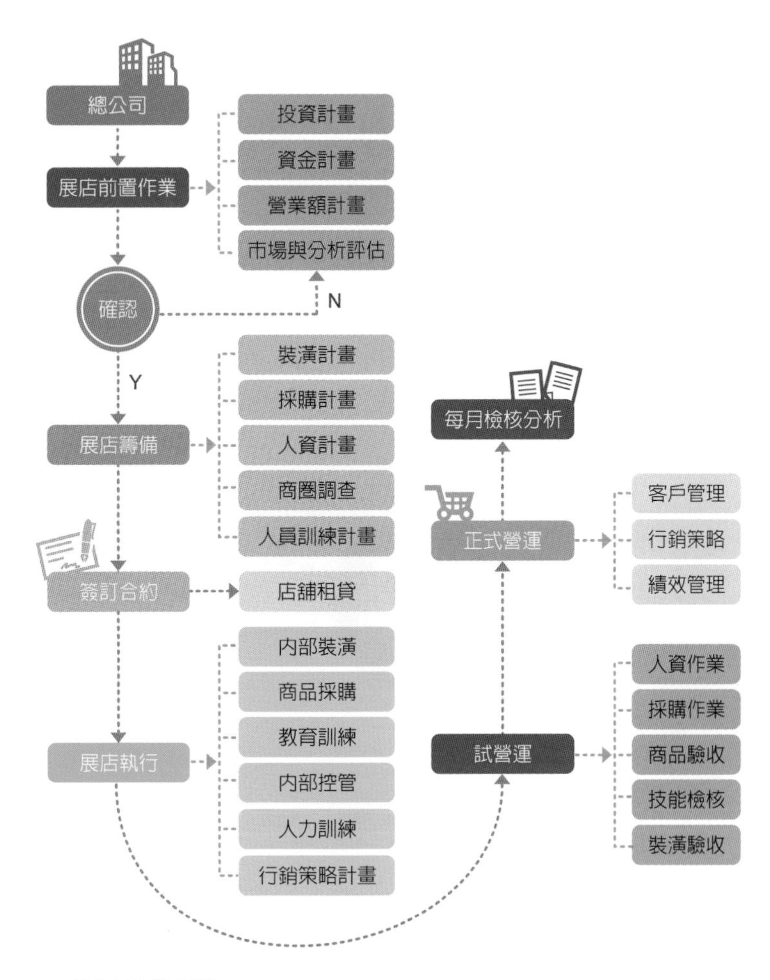

•展店計劃流程圖

財務計劃

資金是開店作業中的一項重要關鍵，資金的多寡會決定整間店的規模、裝潢、人力、設備等，因為所有項目都需要金錢的投入才能完成，因此要將每一分錢花在刀口上，才能創造最佳利潤。

一般在開業前花費最高的費用為建材裝潢，不同的風格材質、冷氣設備、隔音設備與所需的淋浴間、廁所數量，以及豪華程度，都會影響每坪所需要花費的金額。現代人對於服務品質與環境氛圍的要求愈來愈講究，業者更是需要注意場域氛圍的營造，同時結合客製化與精緻化的服務，增加顧客滿意度與黏著度。再來就是招牌、消防設備、營運用的儀器設備、人事管銷、廣告行銷、採購成本與市場發展行銷等相關成本費用，這些花費的評估讓你瞭解應該在前期準備多少資金，由另一個方面來說，可以了解你所準備的資金能做到什麼樣的程度。加上人才選用與品質教育訓練，都需要業者在展業前做規劃，若是沒有完善的計劃而邊執行邊修改，可能會不斷地增加費用，造成業者付出更多的代價。

• 開店前的所有準備工作都需要資金

Spa & Wellness 產業在市場上的規模與樣貌各異，從陽春的個人工作室到豪華的美容中心都有，無論是哪一種形式都要在展業前做好完善的財務計劃。一般來說，成本的計算會因為場域的地區、地段、硬體結構、房間大小與房間數、短中長期人力規劃、訓練時間與調度等項目、不同等級的產品運用、市場行銷策略與方針而有所不同。記住！不同的因素牽動著資金運用，若事前缺少規劃，會造成開業資金無法有效益的預估計算，所以我們可以在製作展業計劃時，於流程圖中標註每個階段可能要付出的費用，再制定一個通用的模組來做預算，依照開店展業的規模大小來調整資金，如此就能快速且容易掌握資金運用。

一般需要事先預估的項目包含租金、押金、裝潢費用、會計師、建築師、消防公安、營運設備、商品成本、行銷廣告費用、薪資勞務支出、營業費用等預備金。

• 營運預估計劃表

<table>
<tr><th colspan="2">整體設立準備金（依照下列所需的金額總和）</th></tr>
<tr><th colspan="2">營運準備金（除了以下所需的花費，還需預留零用金）</th></tr>
<tr><td colspan="2">建置相關費用</td></tr>
<tr><td>裝潢費　（坪）</td><td>設定欲裝潢的空間每坪所需費用</td></tr>
<tr><td>建築師</td><td>通常這個費用是建築師依大小與行業另外報價</td></tr>
<tr><td colspan="2">營運設備（週邊設備）</td></tr>
<tr><td>美醫或美容
一般通用器材</td><td>美容床 / 椅、美容備品、毛巾、床單、制服、OA 設備、電腦設備、電信、美甲設備、美睫設備……</td></tr>
<tr><td>美醫及整外
所需配備</td><td>開刀房設備、消毒配備、醫療相關器具，美醫診所所需相關雷射、電波、檢測儀、針劑……</td></tr>
<tr><td colspan="2">營運成本</td></tr>
<tr><td>人事預估</td><td>各級人事底薪與相關獎金評估，如：總經理、店長、顧問、護士長、護士、櫃台、/ 醫生、芳療師等相關人員的薪資預估，不要忘記還有每月外包處理外帳的會計師費用</td></tr>
<tr><td>運作成本預估</td><td>每月相關療程或醫療相關護理之耗材成本預估（應依階段性評估）
房租、管理費、水電費要依照季節做不同預估，還有勞健保給付費用、保全、公共保險、毛巾洗滌 / 消毒費用、稅捐、雜項支出……
廣告預算，如官網設立與設計 / 行銷費用，可分為期初費用和每月支出</td></tr>
<tr><td colspan="2">折舊攤提（年）</td></tr>
<tr><td colspan="2">裝潢一般是以 3 年作為攤還計算，而營運設備是以成本 5 年攤還計算，當然還是要看規模大小以及租賃契約來訂定</td></tr>
</table>

大部分投資會失敗都出在業者以為開店是相當容易的事，認為只要有了硬體及人員，就可依靠這些生財器具及技術賺錢。但初期營運時的資金若準備不夠，還沒獲得利潤就會發生必須要再次集資或資金斷頭的問題。要記住，美容健康復癒產業不像一般民生用品，它不是生活的必需品，即便世界各地的健康事業發展愈來愈成熟，但消費者多半仍將其定義為奢侈享受，所以業者需要花更多的心思規劃好營運方針，提供優質護理、精緻服務，同時具備客製化的能力，並建立消費者維持健康美麗與保健護理的習慣，才能促使消費者再次造訪。而這一切都有賴最初的環境營造、人員訓練和服務項目設定。

營業目標設定

要能夠損益打平，營業時間至關重要，因為這會影響一間店創造業績的坪效。預留準備金作為營運前期週轉使用，金額大小需視營業時間內能夠產生多少營業額而定，所以我們需要先計算出坪效，才能預估顧客可能的平均產值。注意，坪效隨著店面所在區域的城鄉差異以及營業項目不同，平均客單價也會有所不同，但無論如何，先估算出平均客單價和能產生績效的空間，這樣才能輕鬆的瞭解一間店的整體產值。

合理的效益該如何計算？接下來將一一分析。

營業坪效

首先依照店的實際坪數來進行預估計算，以下案例暫時先以一個中型約 100 坪的都會型 Spa 為例，其店內約規劃設計 10 個房間（共 13 張床），每天營業時間為 10 小時，接著推估在滿床的情況下能產生多少績效，其營業坪效試算如下，商品販售績效則以此類推。

坪效

是指將一間營業場所內可以創造績效的空間，換算每一坪可創造的績效。也就是說，在營業時間內顧客輪轉創造效益的空間，如療程房、點滴室與雷射室等，顧客每小時的平均消費金額，累積一整個月所創造出來的服務效益和商品銷售效益。閒置空間如櫃台、洗手間、花茶區、等待區、諮詢室等屬於服務空間，所以不列入績效計算範圍。

坪效計算方式

 床數×每日營業小時數＝總堂數

 總堂數×預估平均每小時每位顧客的消費額＝每日理想營收

 每日理想營收×單月營業天數＝每月100%理想收入

依以上公式和案例的條件，計算如下：

 13（床）×10（每日營業小時數）=130（總堂數）。

 130（堂）×2500元（預估平均每小時每位顧客的消費額）=325,000（每天營收）。

 325,000（元）×30（天）=9,750,000元（每月100%理想收入）。

課程服務收入達成試算表

總堂數（60分鐘/堂）	平均客單價（每60分/堂）	每天營收	每月理想收入	達成率
130堂	$ 2,500	325,000	9,750,000	100%
65堂	$ 2,500	162,500	4,875,000	50%

關於理想收入評估

一家店的營業額是分階段成長的，沒有一家新展業的店會一開張就立刻達到100%滿床率，當然有時候店一開張便會因為行銷公關的效益很好或是電視廣告效益頗佳，而馬上達到50%以上的營業額，反之也可能只達成10%的效益，進而逐月成長。開店是長期抗戰，切忌急功近利，造成因小失大。做好坪效估算並分階段來設立階段性目標，方能有效運籌帷幄。

營業時間與排班

毫無疑問的，Spa & Wellness 是服務業，不是朝九晚五的上班族，幾乎所有的業者在假日是沒有休息的。有部分業者見消費者愈來愈注重家庭日，或是會在週休二日安排旅遊等，而減少了週末上門的次數，所以選擇將週日訂為公休日。這樣的措施，因為較能集中管理人力運用，反而創造出更大的營運效益；同時在聘請人員上可以用最具有經濟效益的服務人數來服務顧客，如此也減少了在人力成本上的浪費。尤其 2016 年臺灣一例一休上路後，對於排班、加班有了更多限制，應多加注意。

現代社會雙薪家庭比例增高，為了滿足職業婦女或飽受工作壓力而身心疲憊的消費者，獲得舒緩壓力與達到健康美麗的需求，業者一般都將營業時間設定為上午十點至晚間十點之間，營業時間大約為 10 ～ 12 個小時。

人力安排可以採用一班制或是輪班制的方式來加長營業時間，通常顧客會在中午前至晚間 7 點左右的時間來店，因此可以將人員排班集中在此時段。下班後或是假日往往是業者較忙碌的時間，因為人們習慣在不忙的時候撥幾個小時來讓自己身心舒緩，當然這也會因為國家、區域、文化習慣的不同，或是美醫、整形外科、抗衰老中心與美容 Spa 提供項目的不同而有些許調整。

一例一休

勞基法修正案於 2016 年 12 月 6 日在立法院三讀通過後，又於 2018 年 01 月 10 日通過部分條文修正，也就是俗稱的「一例一休」。「一例一休」上路後，《勞基法》第 36 條規定，除非經勞動部指定的特殊情事，否則勞工每七日中應有二日之休息，其中一日為「例假日」，一日為「休息日」。「例假日」與「休息日」都不一定是週末，可由勞資雙方共同決定，但「例假日」唯一的出勤條件為「因天災、事變或突發事件，雇主認有繼續工作之必要時」，且「例假日」出勤，工資應加倍發給，並應於事後補假休息。「休息日」出勤需經勞工同意，依《勞基法》第 24 條規定，勞工於法定休息日出勤工作時，工作時間在 2 小時以內者，其工資按平日每小時工資額外再加給 1 又 1/3 以上，工作 2 小時後又再繼續工作者，按平日每小時工資額外再加給 1 又 2/3 以上。

但無論如何，只要是消費者需要的時候，就要有專業人員能提供服務。培養顧客保養與保健的習慣以及週期性的接受服務與照護絕對是必須的，因為這樣才能適當安排人力，為消費者提供品質穩定的療程，也才能為店面帶來正向且長遠的延續效益，同時為業者創造最佳績效。

台北復北旗艦館

服務專線：(02)2719-1799
會館地址：台北市中山區復興北路164號3樓(康是美樓上)

營業時間：
週一至週五 11:00-21:00
週六 10:00-20:00
週日 09:00-18:00

公休日：
每月第一週、第三週的星期日

捷運：南京復興站－松山線8號出口、文湖線6或7號出口

台北中山旗艦館

服務專線：02-2536-6935
會館地址：台北市中山區南京西路10號10樓(新光三越南西本館旁)

營業時間：
週一至週五 11:00-21:00
週六 10:00-20:00
週日 09:00-18:00

公休日：
每月第一週、第三週的星期日

捷運：中山站2號出口

台北大坪林旗艦館

服務專線：02-2912-3258
會館地址：新北市新店區民權路40號2樓

營業時間：
週一至週五 11:00-21:00
週六 10:00-20:00

公休日：
星期日

捷運：大坪林站1號出口

台北永和旗艦館

服務專線：02-3233-5000
會館地址：新北市永和區永和路二段55號

營業時間：
週一至週六 11:00~21:00
週日 11:00-20:00

公休日：
每月第一週、第三週的星期日

捷運：頂溪站1號出口，步行約5分鐘

高雄五福旗艦會館

服務專線：07-201-1967
會館地址：高雄市前金區五福三路63號7樓

營業時間：高雄週一 - 週六 11:00- 20:00

公休日：週日全店休

捷運：中央公園站(需轉乘)

• 瑞醫集團 SWISSPA 的公休日為特定週數的星期天或是每週的星期天(圖片取自官網)

適當的人員數需要依照床數與階段營運來安排，排班還要注意人員休假的調度與班別安排，以下為班表的建議形式，各店可依人數、職能需求與營業項目的不同做適度調整。

營業時間為上午10:00至晚間22：00，以每人工作時數為9小時為例

人員 \ 日	1日	2日	3日	4日	5日	6日	7日	8日
Ivy	休假	晚班	晚班	晚班	晚班	晚班	晚班	晚班
Amy	早班	早班	早班	休假	早班	早班	休假	早班
Cherry	晚班	晚班	晚班	早班	休假	晚班	早班	晚班

★早班 10:00～19:00　★晚班13:00～22:00

• 排班表參考圖

• 淋浴空間要注意排水與防漏水

服務項目分析

Spa & Wellness 是一個快速增長且講求針對個人護理的行業，其服務範圍非常廣泛，從臉部護理到身、心、靈護理都涵蓋在內，很容易令人眼花撩亂，但基本上，Spa & Wellness 提供的服務主要可分為臉部和身體護理兩個主軸，有些也包含彩妝、美甲、美睫和紋繡等服務。事實上美甲與美睫服務已經跨越了 Spa 行業，進入另一個美麗造型的主流，它們不只是一個 Spa 中心附屬的服務項目，有很多店家已經將美甲、美睫作為主要的營業項目。

所以規劃營業會館時，要考量需要提供哪些服務項目給消費者，其評估因素除了依照市場上消費者對療程的需求外，不容忽視的是相關儀器設備的服務項目，這些附加的設備或療程能帶來更好的營業額。

一般來說，進行身體或臉部護理時無需太多設備，但經過研究調查發現，那些有提供如水療等相關儀器及設備的店家，較能提高消費者對會館的滿意度。儘管這些儀器和設施需要付出較多的成本，但是對於營業現場而言，這幾乎等於必要的附加服務，因其能帶來較好的營運績效。

• 水療不是療程必備的項目，但若具備可增加顧客滿意度

淋浴空間的設置是業者在安排相關療程時需要考量的另外一個重要因素。淋浴空間對於部分課程是必要的配備，如身體敷體、去角質護理等，身體療程的前後可以安排顧客進行淋浴，所以在營運規劃時，必須評估考量是否需要增設淋浴間，裝潢設計時也要注意排水通順與避免漏水的問題。

Spa 最常見的完整服務，有一個半小時、三小時、五個小時或全天的配套，當然也有三十分鐘到一個小時的快速服務，以方便提供給一些午餐時間想休息的消費者，或較為忙碌但又想要放鬆的顧客。

課程在規劃時，建議要將按摩護理、相關儀器設備、體膚護理以及健康養生餐點等服務互為搭配，讓顧客得到五感平衡以及身心靈的照護。

缺乏完整服務和特色會讓你一直都在進行「按摩」的服務，最終陷入比價的惡性循環。為了避免這樣的狀況發生，業者在規劃時需要以消費者的需求為出發點，記住全方位的思維與規劃為上上之策。

• 五感指的是身體視覺、聽覺、嗅覺、味覺和觸覺五種感官的感知，當五感失衡可能引起身體不適的症狀，此時 Spa 提供的療程服務可以舒緩身體疲倦，讓顧客的五感重新恢復平衡

以下是針對消費者對療程需求的研究數據調查，這是 Intelligent Spa 2006 ～ 2008 年的研究報告，雖然此研究報告時間較舊，但在 Spa 產業裡與現在的消費者習性還是極為相近的，故提供此調查數據做為 Spa 營運項目的參考。

根據 Intelligent Spas 針對臺灣進行調查研究數據：

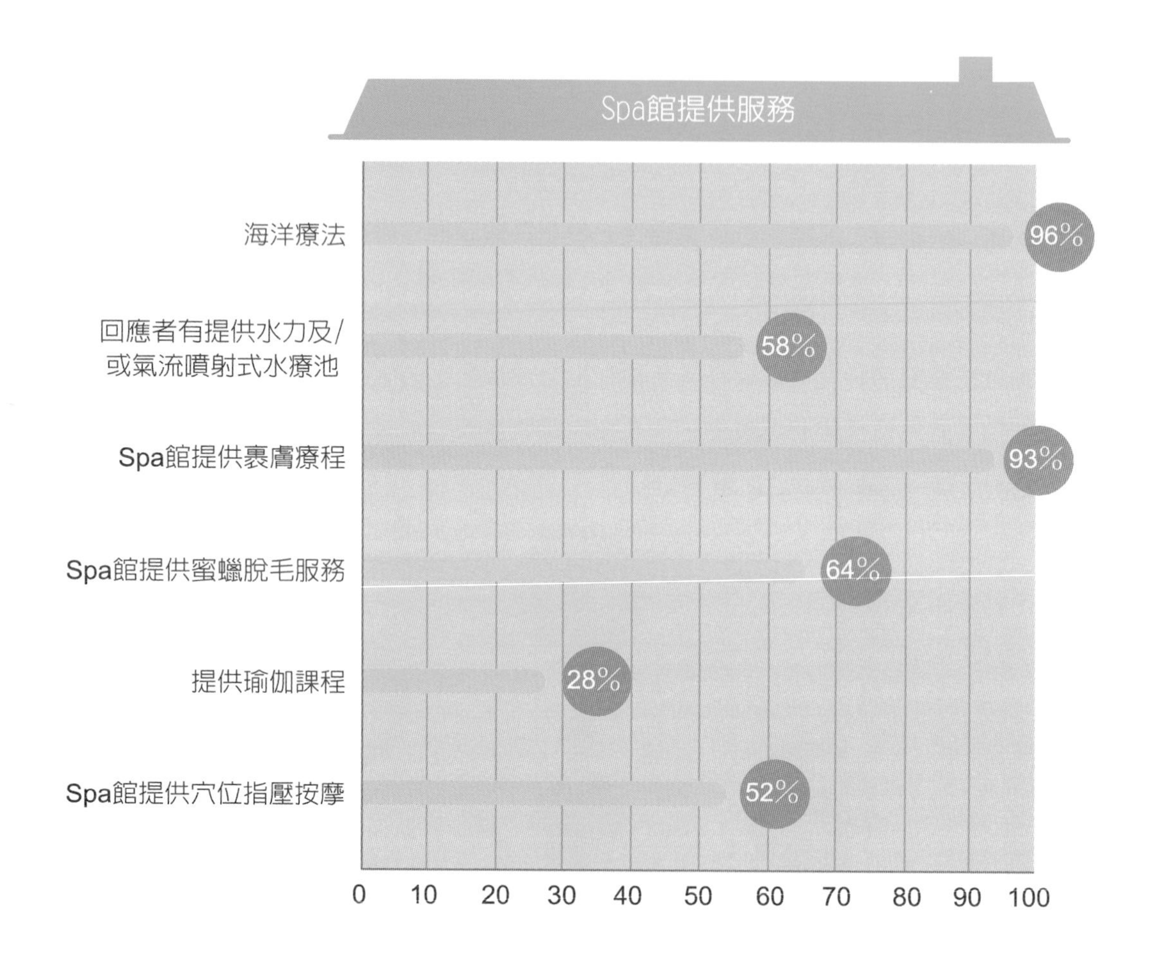

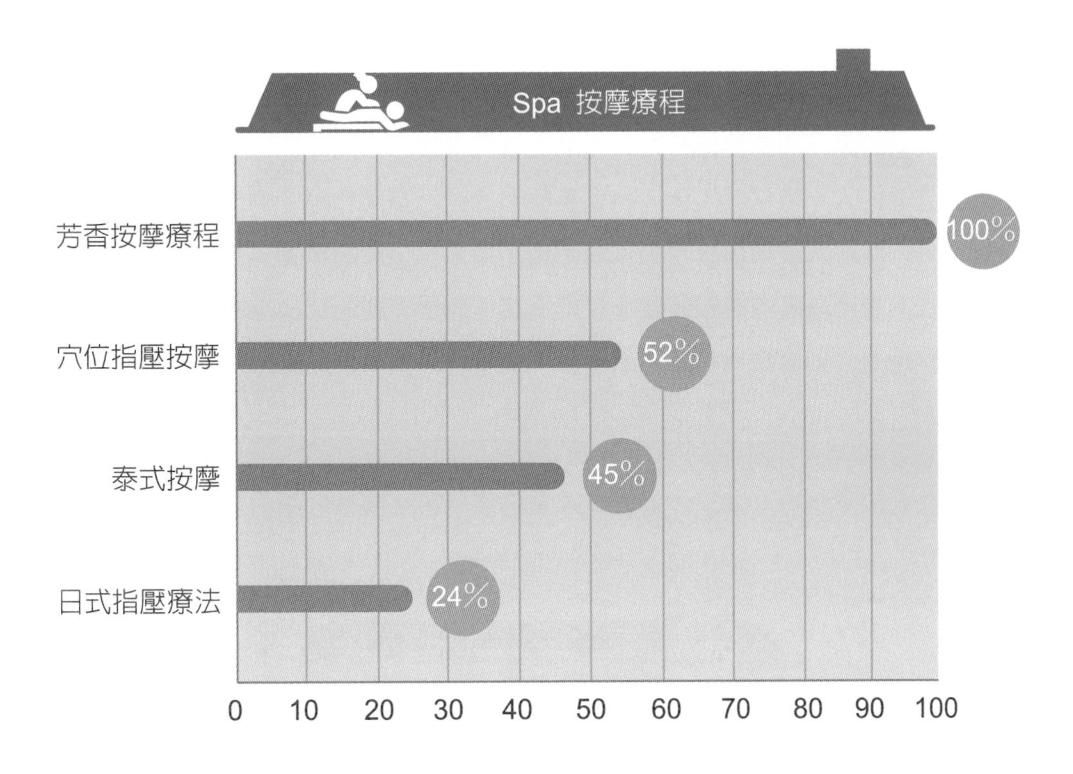
Spa 按摩療程
芳香按摩療程
100%
穴位指壓按摩
52%
泰式按摩
45%
日式指壓療法
24%
0
10
20
30
40
50
60
70
80
90
100

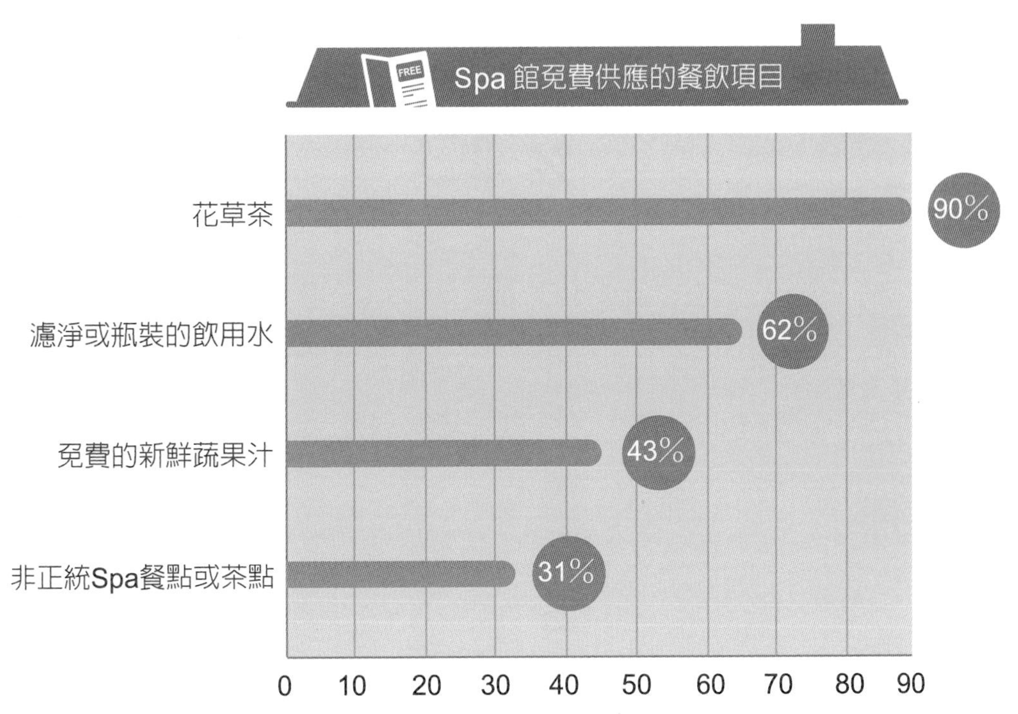
FREE
Spa 館免費供應的餐飲項目
花草茶
90%
濾淨或瓶裝的飲用水
62%
免費的新鮮蔬果汁
43%
非正統Spa餐點或茶點
31%
0
10
20
30
40
50
60
70
80
90

定價考量

發展規劃的另一個重要部分為合理的定價。價錢訂太高，你的客人會侷限於具有一定經濟能力的人；價格訂太低，將會影響你的盈利空間和經營的風險。市場價格的承受能力，大致取決於準備服務區域的定位，如果你位於高檔區，當然可以提供價格較高的課程，甚至為高端的顧客量身打造服務。如果周圍的社區是由年輕的雙薪家庭所組成，就需要降低服務項目的價格，但不要超過最低限度，以免落入劣幣逐良幣的惡性循環。

所以在制定價格時，請記住這三個因素必須是最終價格考量的重要因素：勞工薪資、管理費用、利潤。

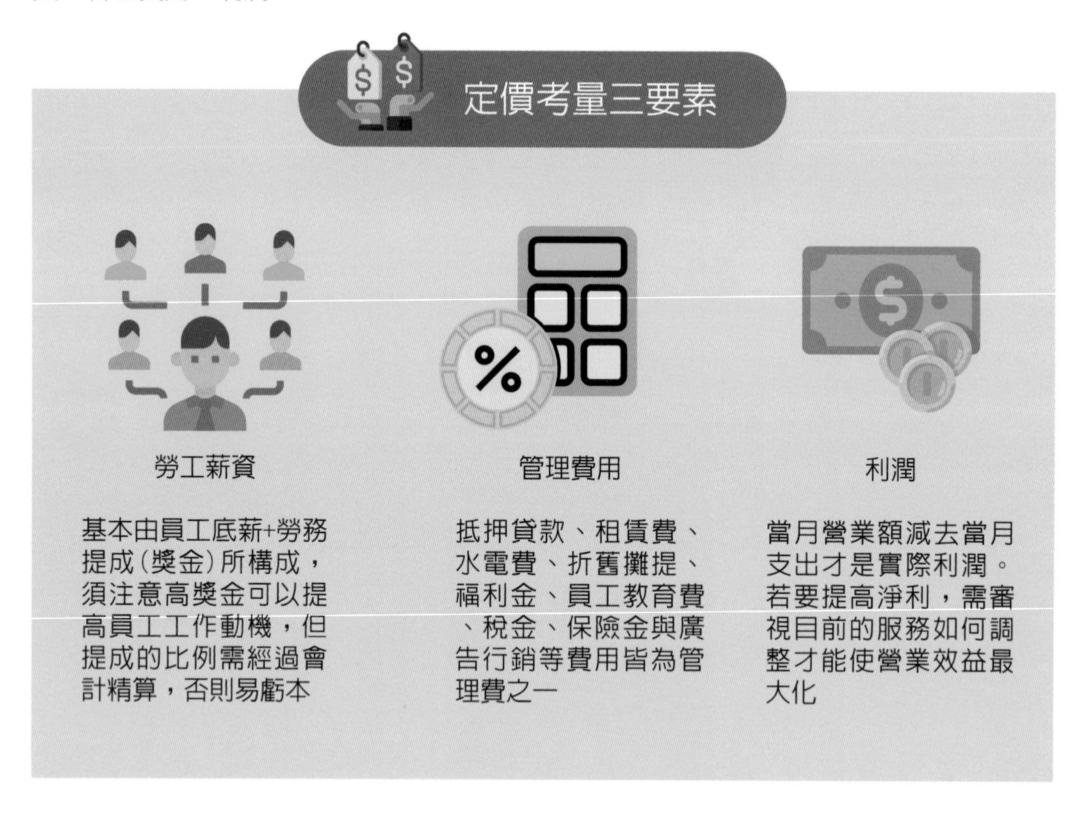

勞工薪資

勞工薪資成本，包括整家店所有工作人員的薪資福利，例如經理、顧問、醫生、護士、芳療師和其他服務人員。薪資結構除了員工的基本底薪外，還有勞務提成，也就是獎金，是服務人員最重要也是最主要的薪資來源。通常依照課程項目中每小時的價格，以及員工執行服務與銷售的項目不同，其勞務提成也各有差異，抑或採用累進計算的提成方式。依照服務項目與職階的不同，一般在提成上就會有所差異，可以將商品販售、療程服務與預售券等項目分開設計，但設計的基準應以激勵員工取得高獎金為動力與目標，以便增加員工工作動機。

然而請注意，勞務提成的比例必須經過會計或是外聘會計師精算，使比例落在整體薪資總收入的合理範圍內。我經常看見有些業主為了提高營業額，進而將某些商品或課程以超值價售出，並拉高販售的獎金，這樣的作法雖然會使員工為了得到較高的獎金而增加銷售意願，且顧客覺得賺到便宜，因此更樂意購買，但是你的利潤卻減少了，負債也增加了，而且會造成未來行銷策略上若是拿不出更好、更超值的方案，顧客就不會再買單，員工也將落入無法有效進行銷售的窘境。

管理費用

這裡指的是人事管理和經營活動中發生的各種費用，包含了抵押貸款、租賃費、水電費、折舊攤提、福利金、員工教育費、稅金、保險金與廣告行銷等費用。這些費用合理估計約占為營業額的 40 ～ 50%，最後金額可在開店後依實際財務數據進行調整。

折舊攤提

指固定資產購入時因金額龐大且耐用年限長，如列於當期費用則無法正確呈現公司的損益，故會依固定資產的耐用年限作為費用的攤提，為了呈現此一固定資產的完整性，攤提金額不直接抵消固定資產的金額，而以累計折舊作為固定資產的減項。比如購買一設備為 30 萬元，法定攤提年限為 5 年，則每年可攤提 6 萬的折舊費用，平均下來每月的折舊成本為 5000 元。

舉例來說，如果全年營業額預估為 500 萬元，管理費用預估為 45%，則全年管理費金額為 225 萬元，這個金額就是一整年要支出的管理費用。因此在制定價格策略時不要忘記將管理費預估進去，這樣才不會規劃出一個虧錢的方案。

利潤

定價策略的最後一部分是利潤，每一個老闆都期望有漂亮的淨利，但很多老闆都只看當月營業總額，而忽略了消耗金額與比例。在法規上，當月營業額減去當月支出才是業主實際的收入利潤。因此請記得不要只看總收入而忽略了支出。

我們可以先預計理想利潤為營業額的 20%或 30%，利潤當然可以調整成你理想中的數字，但前提是你必須先審視目前提供的服務，如何才能發揮最大營業效益，循序漸進的讓利潤達到理想數字。不要忘記任何產品或服務，最後銷售出去的金額要包含薪資比、管理費用以及利潤比例等三項重要因素，以避免賠本的問題。

Intelligent Spas 針對 2006～2008 年臺灣 Spa 臉部和身體的平均基本價格調查，一小時按摩療程的平均價格為新臺幣 2,489 元，一小時臉部護理療程的平均價格為新臺幣 2,523 元。這個數字只是提供參考，店內實際平均價格為多少還是要視實際營運後，價格定位的高低以及消費者的行為來做調整。

記住這些數字需要每個月進行檢視、討論與修改，這樣才能幫助你進行策略的調整，否則我們容易誤判市場的需求，同時忽略了薪資占比，進而誤算了自己的真實營業效益。

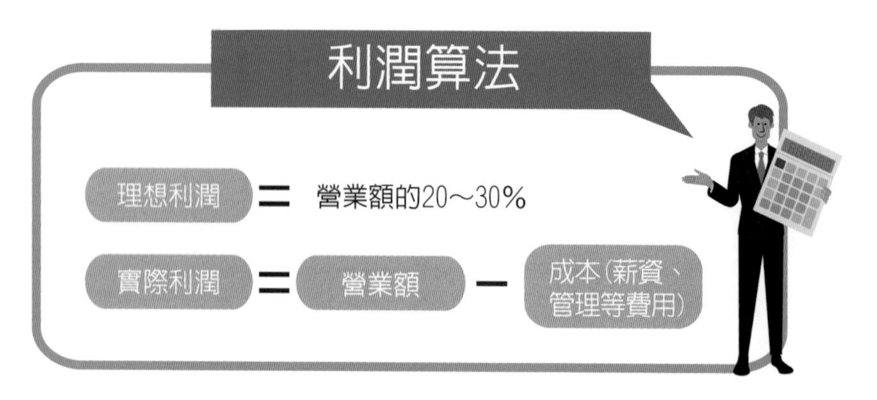

組織架構

人力資源規劃在組織中是相當重要的一環，在前置作業時期，我們需要先確立組織與職能規劃，對業者而言，聘任對的人才，同時留住優秀的員工，這似乎是一項艱鉅的任務。尋找員工時是非常耗時的工作，而且不同位階的人員，專業與技能要求也有所不同，員工的能力和天賦，以及他們的態度和工作熱情，會影響營業績效的每一個層面。如果你選到了一些具有聰明才智且向心力極佳的優質員工，他們能為你增加客戶保留率以及創造更高的績效，這也是為什麼組織架構以及工作職掌的規劃是我們營運前需要先策劃的工作。以下提供一個扁平化的架構，可以依照實際規模大小與服務項目來增加或減少組織的人力編制及職能規劃。

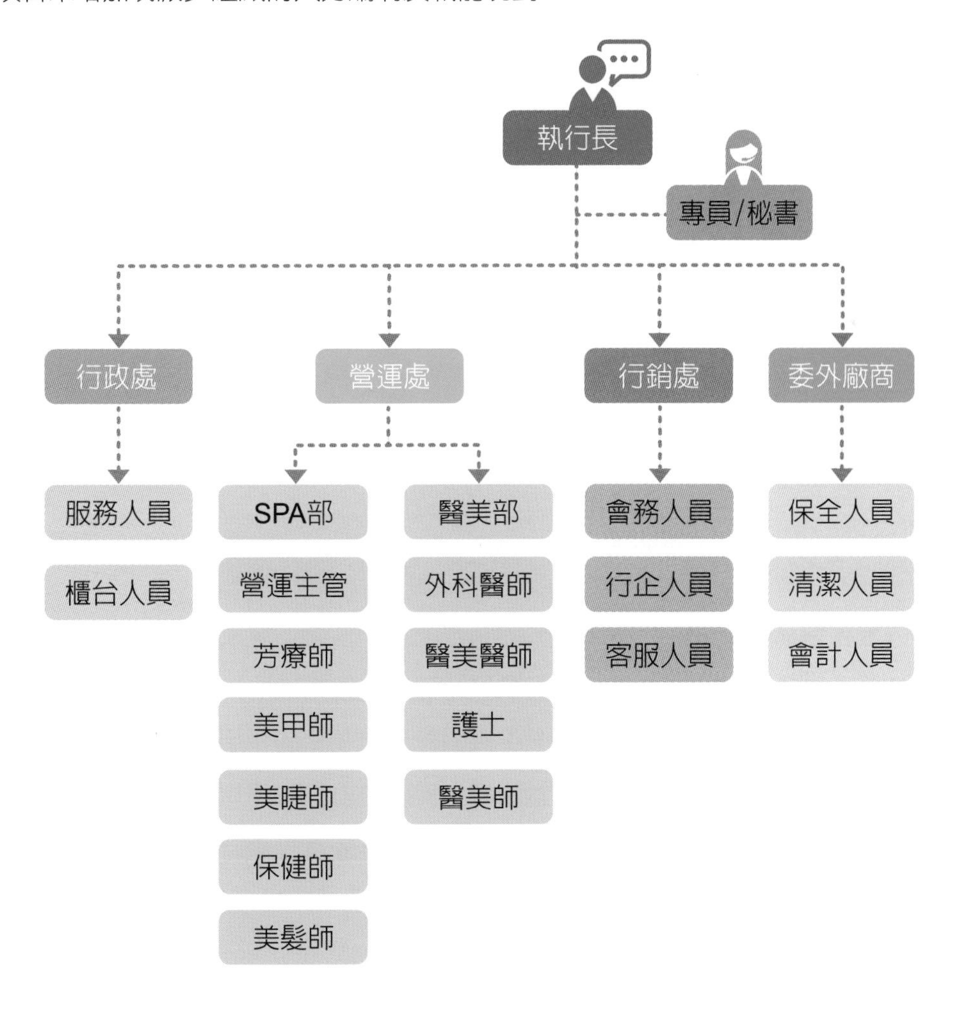

人力職能若妥善規劃，有助於公司未來的長遠發展，初期規劃完成後，可依照事業體系細分出系統性、階段性的人力資源計劃。人員聘任首先要確立職稱、職位目的、應具備的專業基本技能以及最主要的 3 ～ 5 項工作職責，同時可以依照相關職能工作指標，設定財務構面以及非財務構面作為評估指標。

舉例來說，在「現場營運主管」的工作職掌中，針對財務構面的指標是指完成營運績效目標、服務療程在銷售上的成本控制與達成企業營運利潤等；而非財務構面則是與顧客滿意度、客訴的掌控與回覆率、計劃落實度以及人員出勤率控管等有關。

另外對於組織職能設定，從屬關係的制定、預計帶領下屬人數、以及需求編制人數等，這些工作條件以及需要的年資經驗等，可以依照組織的大小來做實際的制定。將相關人員之工作職掌與能力先行劃分，有利於未來長遠的發展，同時我們應依照組織階段性的發展，在發展過程中，適當的調整與變更自己的組織。以下就營業現場各個不同職能做概略性介紹，以輔助日後進行相關工作職掌規劃時有個初期的藍圖可為參考，而後續的人資管理部分，將於第七章詳細說明之。

執行長

執行長是主宰公司營運方向的舵手、指揮官，主要的工作職責是設定公司未來發展，進行監督與策劃等行動，作出客戶服務、財務決策、營運管理、加盟展業拓店等相關發展策略，同時負責監督相關制度與決策人事問題等相關事項，因此執行長在公司扮演著舉足輕重的角色。

外科醫師／醫美醫師

通常診所是醫生與法人合資、多位醫生合夥或一位醫生獨資開設的，因為業務範疇與美容相關，醫生的技術與美感相當重要。通常上門的顧客是想藉由美醫的管道快速解決皮膚問題，或是想盡快改善外貌的問題，因此醫生的微整注射、雷射、整外開刀等技術是整個診所的核心，也是創造顧客滿意度的重要關鍵。當然，醫生的技術也會隨著經驗而有所不同，大部分的醫生都具有絕對的專業知識與實習操作的經驗來服務顧客，在營運管理上，業者應當審慎確認醫生的專業技能與掌控能力，進而安排適當的服務項目為消費者進行治療。

專員／秘書

這個職位的人員，EQ 以及處理事情的能力要好，他們扮演著上下聯繫與同事間平行關係的橋樑，通常他們需要代替主管進行部門間的溝通與行政聯繫，協助相關策劃前製作業、中期追辦、會議記錄以及最後文件彙整並建檔以備查，最重要的是要完成主管交辦事務。

櫃台秘書

櫃台秘書的工作是確認與把關營運現場人員的進出，同時需要接聽電話，處理有關療程預約、客戶諮詢服務、接受顧客抱怨並往上層傳達反應等。這個職位的人需要熟悉營業現場的服務與銷售運作，服務態度需具有足夠的親和力、耐心、責任感以及良好的應變能力，並能輔助營運主管完成交辦事務。

服務人員

營業現場服務人員是第一個接觸顧客的人，所以細緻的服務態度是相當重要的。當顧客到達時，主要負責引導招呼，執行如煮咖啡、奉茶、甚至為顧客掛上大衣等接待工作，同時輔助櫃台接聽電話、療程預約、引導顧客入場及出場結帳等服務，是締造營業現場第一印象的重要人物。

Spa 營運主管

這個職位很可能就是老闆自己，也可能是外聘的專業職能主管，薪資與抽成通常較高，因為他需要承擔會館內所有管理任務，要能為公司監督把關，負責營運和處理人員設施等問題，不能只是一個懂得創造銷售業績的人。營運主管要能掌控營運績效、處理客訴抱怨、掌控顧客資料控管與顧客關係維運，同時要掌控現場人員排班計劃，以及營業現場需求採購與消耗控管。此人應有一定的職權來代表公司進行營運控管與處理，以助長期營運的成功。

護士

只要是有進行醫療行為的診所，皆需有護士的編制。護士需要協助醫師跟診與相關準備工作，得具備普考通過的資格。美醫／整型外科診所與正統醫療體系的經營模式有所不同，護士需具備服務的精神與熱忱，有足夠的耐心跟顧客做相關療程前後的解說與問題處理，有些診所會聘用護士並同時兼具醫美師的工作，以增加診所的專業服務。

醫美師 / 芳療師

在營業現場，他們是營運的心臟，是最熟悉營業現場的工作人員之一，但由於每位醫美師 / 芳療師服務能力技術的熟練程度不一，因此在聘僱時最好先進行技能考核，確認是否具備成熟的技術。在管理上會依照個人實際執行能力，將薪資以及在職教育訓練做分層管理。

此職位的人大部分都持有國內外不同專業認證，證明他們具有足夠的專業知識與能力可提供專業的服務，如臉部護理、身體護理，以及其他特殊護理服務，如芳香療法、運動按摩、軟脊處理、術後護理等。有時這個職位的人還要具備為顧客進行美睫或美甲的技能，特別是在規模較小，沒有太多預算的小型店家。

保健按摩師

亞洲地區的消費者，在感到疲倦或不舒服時，有進行經絡按摩或是腳底按摩的習慣，亞洲人普遍喜歡較有感的深度護理，如日本浪月指壓、經絡護理、傳統整復護理等，這類保健按摩師的培訓通常需要更多的時間來培養專業與技能，因此大多數國家對於這些專業人士，都要求持有相關按摩師證照，以確保能進行相關護理。

美甲師 / 美睫師

近年美甲與美睫的專業早已脫離附屬的服務概念，進而產生許多專業完善的專門店，美甲師也從早期的修指甲、塗抹指甲油、修腳皮等工作，晉升到美甲造型並與藝術結合的專業職能師；而美睫也從以往貼假睫毛、種睫毛，到近年結合造型的專業發展，國際間也經常舉辦美甲與美睫的相關創意比賽與檢定考試，以促使專業人員的專業與技能不斷向上提升，因此從事美甲與美睫的工作需要具備相關學習與實際操作經驗，為營業場所增加更多元的服務。

美髮師 / 美髮助理

一般大型的營業現場同時具備美髮相關服務，除了提供頭髮造型、顏色處理、卷翹撫平外，近幾年因為美髮業增加了頭皮護理與頭皮舒壓等相關進階頭皮養護課程，使得營業效益大增。每個國家都會要求美髮設計師必須持有牌照，有些會館則會要求美髮師同時提供額外的服務，如肩頸、手足按摩或頭部舒壓、頭皮去角質或促進生髮等項目，以增加服務績效，當然是否增加這些服務項目，通常都是業者依照營運需求來規劃的。

業務人員

負責與客戶、潛在客戶間建立良好互動關係，運用公司行銷資源，達成上級賦予的業務推廣計劃，協助公司搜尋行銷資源與相關推廣通路。業務人員應注重團隊合作、熱誠服務的精神與態度，但更重要的是，業務人員的操守比業績銷售能力來的重要，不擇手段的銷售手法或許能夠創造短期大量營業額，但可能造成更多客訴與長期的顧客流失。

客服專員

這是公司相當重要的核心角色，需要負責 CRM 客戶關係管理[4]。他掌握著公司所有會員的資料，需要負責處理客戶詢問、客訴問題、協助推廣公司舉辦的活動、電訪、邀約、建立顧客相關資料管理與溝通維繫等工作，從事這樣工作的人員需要具備良好的溝通技巧與服務熱忱。

4 客戶關係管理：Customer Relationship Management，簡稱 CRM，1999 年，Gartner Group Inc 公司提出了 CRM 概念。開始注重客戶關係的原因，一方面是客戶雖然身為供應鏈的一環，然而過往的管理觀念並沒有針對客戶關係給予改良辦法，其次是 90 年代末期網路的應用開始普及，數位技術也得到長足發展，基於新經濟的需求和新技術的發展，故提出了 CRM 概念。關於 CRM 的定義，不同的研究機構有著不同的表述，但其核心內容是將客戶視為企業的一項重要資產，關懷客戶、了解客戶以建立長期和有效的業務關係，透過一對一營銷原則，滿足不同價值客戶的個性化需求，提高客戶忠誠度和保有率，最大限度地增加利潤和利潤占有率。

委外承包商

委外承包一般不是直屬公司管理，大多採用固定月費或按照單一案件抽成等方式配合，通常委外承包的項目包括保全人員、清潔人員、美髮人員、美甲人員或美睫人員等，這種類型的業務安排可以減少公司管理與人事成本，但我們需要選擇口碑及信用良好的承包商，否則劣質的承包人員會損害公司的形象。

• 商業區人潮眾多，商店林立

選定店點

地點關係著一個店的成敗，一旦決定承租就無法輕易更換場地，因此商圈評估一定要謹慎。在從事商圈評估時應先瞭解居民生活型態、商圈型態（商業區、住宅區、文教區、辦公區以及商住混合區）與居民的特點、人口分布狀況等，以上幾點為選址的重要依據，可依照預定展業的經營種類來選擇適合的地點。

• 表 商圈型態

型態	商業區	住宅區	文教區	辦公區	商住混合區
特色	商業行為集中區域，人潮多、商店林立，可有較高消費額	以居住人口為主，消費群穩定，顧客有較高忠誠性	具有較多文教設施的區域，平均教育水平較高	辦公大樓林立或鄰近大型機構的區域，消費者多為通勤上班族	商、住、辦混合區，顧客群較多元

一般以店點為中心，半徑 500 公尺內的範圍是主要商圈，半徑 500 公尺至 1 公里的範圍為次要商圈，潛在顧客群多在其中。

• 交通便利的捷運商圈

選址是重要的考量，尤其是都會型 Spa，店面可往方便和可見的位置尋找，例如轉角、一樓或往三層樓的位置。好的地點，最好位於主要道路周圍，附近交通四通八達，例如捷運站、公車站或是轉運站，並有足夠的停車地方以供顧客驅車前往。尤其是大規模的連鎖經營企業，商圈的設定不像一般小型商店，顧客會利用各種交通工具前來，若只能用徒步方式抵達，或是位於停車不便的小巷弄，都會影響顧客前來的動力，因此需要小心選擇。

對於設店地區居民的工作性質、購物者的流動性、城市規劃、人口分佈、公路建設等均要加以觀察，並配合有關的調查資料，運用趨勢分析以進行商圈設定。選址需要注意所在地的光線充足性、安全性，尤其附近最好要有其他的零售企業，自古以來門市生意需要群聚才會熱鬧，熱鬧多了就能聲勢浩大，商業吸引商業，人流吸引人流，最後形成繁榮景象。

以下針對店面選擇做了幾項舉例說明：

• 在百貨商場設點也是一種選擇（取自施舒雅美容世界官方網站）

進駐百貨商場

我們前面提到商業吸引商業，人流吸引人流，繁華雖然好，但是絕非唯一的選擇，因為有的地方看似車水馬龍，卻不一定聚客，也有許多在鬧市開店，但依然失敗的例子。店址的選定，重要的是判斷此區是否為目標客群人口數多的區域，進駐百貨商場是一個選擇，因百貨商場已聚集了具消費能力的客群，但相對需要配合百貨商場的營業時間、季節活動打折優惠、拆帳模式等，業主應評估是否能夠負擔。雖然百貨的招牌能幫助店鋪打造品牌形象，但店鋪也許要付出相對的成本，故建議要審慎評估。

在百貨商場設店點的特殊狀況

百貨商場的店租，常見的方式是抽成或月租。通常百貨代收銷售現金到廠商收到貨款，可能要一、兩個月的作業時間，甚至更久，因此業主要考慮資金是否足夠充裕應付收到貨款前的過渡期。其次是不同商場的規定略有不同，有的百貨商場會要求坪效，有的要求營業額，若達不到標準可能會被要求撤櫃。

商辦店舖

商辦樓層內的店面位置可能是一樓店面，也可能是二樓以上較高的位置，若是位於辦公大樓附近，或是周邊有涵蓋商場區域的地區，通常交通比較方便，客流量較佳；然而白天高人潮流量的地區，不見得晚上或週末亦有人流，若只看白日而不評估夜晚和假日，可能會影響店面的營業狀況，除非將流量較差的日子定為固定公休日，也許就可以減少人力等相關資源浪費，但一定會對營業收益產生影響。其次，愈熱鬧的區域，租金費用相對愈高，若店面不在一樓，如何吸引顧客注意也是一大考量。

• 商辦大樓的所在地區，人潮多不代表錢潮就多

頂他人的店

還有一個類型亦是值得考慮的，就是頂讓他人的店舖。也許你曾經去過一家會館，其商圈位置與店內設施可能符合你想經營的種類型態，好消息是你可以很快速地承接，只需要針對基礎設備做修改，包括額外的管道、特種電源插座、甚至燈具或房間和櫃台等，不費吹灰之力就可以承接原來的顧客。壞消息是，原店家為什麼要頂讓？有可能是該地區的競爭太激烈、該位置其實不易吸引人潮，或是以前的業者經營不善造成名聲不佳等，承接前最好先向周邊鄰舍打聽一下原店面的互動狀況，以減少不必要的麻煩。

觀察競爭對手

最後不要忘記觀察競爭店舖的經營狀況，雖然競爭對手愈少愈好，但是如果完全找不到競爭店舖，表示這裡的需求可能極低，而且單單只有一家店鋪的集客效果通常是不佳的。

商圈立地調查

選定店點後，開發部門負責評估預選店點的總體環境、同業之競爭優劣勢評估，期望選擇到一個具有競爭力的市場。依照經濟部（民 83）之商圈立地調查要點，商圈調查相關項目如下：

商圈調查相關項目

住宅種類

單身住宅、國民住宅、公寓、高級住宅

商圈吸引

住宅區、休閒場所、政商機關、娛樂設施、文教機構

交通動線

火車站、捷運站、停車場

人口統計變數

當地人口數量、人民所得水準、消費水準

居民職業素質

司機、工廠工作者、藍領、白領階級、服務業工作者、家管

未來發展

商品供應力，都市計畫發展方向，如新設車站計畫，學校的建設計劃，馬路新設、增設或拓寬計畫，國宅及住宅的興建計畫

涵蓋設施

中小型企業、中大型醫院、大學、專科學校、高中或中小學各級學校、大中型的工廠或園區、公共行政機關、消防隊、警察局、公園、廣場、交通樞紐、大型集合住宅

此外，商圈內有無相關競爭對手，例如大型店、同質店家的多寡與遠近、商業聚集地是否還有設店的空間等，皆應調查清楚，以利展店時做店面選址的參考。

租賃決策

店址選定、商圈調查得到滿意的結果後，就要進行店面的承租作業。如果屋主提供的物件條件、狀況或設備不完全，日後會衍生許多問題，因此在承租之前，我們還要針對以下幾個要點進行評估：

設備與安全

要瞭解承租地區的治安狀況是否良好，同時要注意出租物件原來的房屋裝潢狀況。在此提醒，除非公司有專業的評估人員，否則多數人對房屋結構都是門外漢。美麗的裝潢，可能是劣質素材所堆建，用來掩蓋房屋原本的瑕疵。因此建議尋找有口碑的設計師、工程專家以及消防、建築安全等單位進行專業評估，並協同相關人員實地檢查、確認，以免未來要花更多的費用重整物業，得不償失。

承租確認與契約

在租賃房屋前應先瞭解房屋的基本條件及下表的注意事項，全部確認沒問題後，才可以進入簽訂租賃合約的流程。

• 表 承租前的應確認事項

應支付金錢	房屋產權	修繕歸屬	安全與裝潢
租金價格與計算方式、押金、管理費、垃圾處理費、稅金、水電費的切分、房屋稅的歸屬等	房屋產權是否為出租人所有、出租人提供之可用區域是否與合約相符等	損壞的修繕責任歸業主還是屋主？	樓面的受力評估、裝潢施工的條件、物業可從事商業登記與設立公司行號、招牌的設置等

為了避免裝潢後有問題產生，業者在簽立各項合約前需要注意以下層面：

❶ 房屋租賃合約

檢附相關資料：在承租房屋前，需先向出租人索取原始都市規劃圖、消防動線圖、逃生圖、大樓使用執照、大樓竣工給水圖、大樓建築結構圖、最大用電量、最大用水量等，事前獲得相關資訊有助於了解房屋現況，方能同時順利進行評估與規劃。另外租金價格應確認是否依實際承租的面積來計算，房屋稅收歸屬也應釐清，可以跟房東爭取裝潢期間免繳租金優惠。不要忘記於確認合約簽訂前，務必請會計師先行確認物業是可以從事商業登記使用[1]，並可使用承租地址設立公司行號，還有招牌設置等問題。

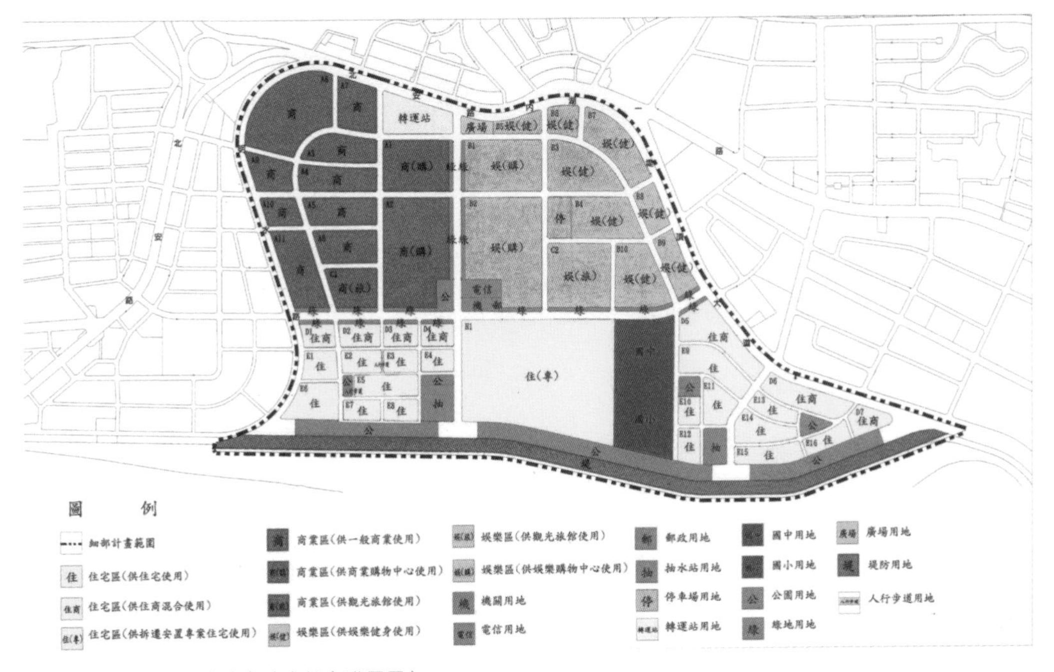

• 都市計劃圖（取自臺北市政府都市發展局）

現場評估：裝潢工程前應先評估水管老舊程度、樓板有無漏水、電力承載、承租範圍丈量、可用空間與非可用空間評估、消防等問題，應協同出租人與專業勘查人員一併會勘，了解管線功能是否符合營業需求或有無重製的必要。將已產生的問題提出責任歸屬，以免造成日後困擾。

1　關於建築物的使用規範，可參考《建築物使用類組及變更使用辦法》，以確認該建築物是否可供使用。

隔音設備：若營業項目中有需要使用音響與喇叭，需依照環保局規定之《噪音管制法》及其相關法規，協同專業人員勘察評估，尤其是住商混合區，夜晚音量太大容易被投訴，需要特別注意。

由於營業場所內設有不同區域，療程房大多設有隔間，業者要多注意區間的隔音，以免顧客接受服務時被隔壁間的交談聲打擾，抑或是場內音響聲量控制不佳等，這些噪音在療程中會干擾顧客休息，造成大大減分。

原建築物內之設備：需注意若出租人物件內有原建築之設備，承租人需於合約中釐清保管權責，以免未來折舊、損壞時產生爭議，如空調主機等，若是必須承接原物件之設備時，出租人應提出設備保固、維修情況，承租人應評估其功能再行決議承租與否，同時還要注意日後維修或更換原物件時的責任歸屬。

補強結構：若建築結構不符合標準，可於合約上要求出租人先行補強到符合標準為止，若房屋結構不事先處理完善，容易造成日後我們必須要將裝潢好的部位拆除才能處理，得不償失。

公共設施：若營業場所會動用到公共設施，如逃生走道、水塔、電梯、共用電等項目，建議先行與管委會進行溝通協調，同時要與建築師共同瞭解場域內這些公共設施是否為合法使用空間，以免完工後相關政府單位在會勘時發現不符法規，進而要求拆除。

招牌位置：承租房屋前需先確認可以擺放招牌的位置，有些建築物是不能外掛招牌的，因此需要事先確認可放置的地點。

停車位：先確認承租的標的物件是否含有停車位，若是大樓內含停車設備，在洽談合約時可以跟房東爭取數個位置，或提供附近停車場之相關資訊，以供營業場所顧客優惠停車。

最後，跟房東簽訂租賃合約時，如果打算將空間重新打造，別忘記租期最少要求五到十年左右，視場域大小和投資成本的回收而定。若是承接現成的運營空間，要注意交接給你的原始承租戶跟房東簽訂的合約到期日，以免承接日至租賃期滿日過短，當你攤平了投資金，準備開始賺錢時，房東突然説要收回房子，那麼就會血本無歸了。

❷ 工程合約

裝潢及建築工程要注意前置溝通，溝通得愈清楚，工程花費就能愈接近預算，否則容易產生工程因為溝通不良而反覆修改，造成追加費用的問題與爭議。在合約上要註明工程進度節點，並在執行期間明確監督是否按照計劃進行工程、使用材質是否為溝通時的等級，最後完工驗收的方式與罰則在合約中都要明確述明，同時要求廠商在完工後要提供工程保固書，以確保工程後冷氣、水管、漏水以及試營運用後的微調有合理的保固，以免當產生問題時找不到人來維修。

❸ 施工廠商

簽約時要注意廠商有無附上詳細的設備明細表、平面配置圖等，通常需針對各類不同負責廠商進行估價與簽訂合約，例如：水電工程、廚房工程、防火系統、消防工程、保全設備、弱電系統等。請注意驗收方式、工程設備保固期限與保固方式，並妥善保存這些廠商通訊方式與初始的圖面，以免時間久了要進行維修或保固時找不到源頭。

❹ 其他合約

請注意其他合約之建立，如毛巾租賃、消毒清潔合約、空調合約、音樂版權、有線電視公播權、影印機設備等保固與運送時間之準確性等。

想要開一間完全合乎理想的物業不容易，如果因為過分堅持所有條件都必須滿足，那可能會永遠找不到適合的物件。我們可以列出上述的條件，一一設定有哪些條件是必須堅持的、哪些條件是可以有限度妥協的、哪些條件是建物限制不可改變的，事先做好優先順序的規劃。

相關法規

開店一定要合法經營，然而並不是提交一張申請單就可完成開店的程序，向政府申辦開店一定要清楚每個單位的規範，需要準備的資料，以及相關費用和工作天數，如此方能有效掌握相關進度。尤其是美容醫學或整型外科等涉及醫療行為的院所，要注意商三住四的土地區域是不能申請設立診所的，可事先上網查詢土地使用分區。建築物也要確認是否有違法加蓋等情形，不同業態的承租規範各有不同，事前了解相關法規，以免房子裝潢好了卻因為法規不符而要拆掉修改，或根本無法通過申請營利事業登記，這樣會造成不必要的損失與延遲。特別要提醒的是，如果店面所處地點在他國，更應該將相關法規確認清楚，以免因為文化和規範的不同造成困境。針對開店前的申請，以下就本國相關重要規範舉例說明：

- 全國土地使用分區查詢（內政部營建署資料）

- 全國土地使用分區查詢（各縣市都市發展局資料）

商三住四

商三、住四等名稱是用地的簡稱，住宅區、商業區依其發展強度（建蔽率與容積率）之不同，區分為第一種～第五種住宅區和第一種～第五種商業區。基本上，同一塊基地的土地使用分區（如住三或商三）會一樣，但如為大街廓土地，其沿街面也許允許高強度使用，所以在同一個住宅群，可能會出現其沿街面為商四，後面為住三等不同分區，必須查詢土地使用分區圖才能了解。其中第一種住宅區僅供住宅使用，第一種商業區限定住宅區日常生活所需之零售業、服務業及其有關商業活動之使用，目前各縣市政府都有提供土地分區查詢的管道。

公司命名

想要讓店名被口耳相傳，就要取一個響亮獨特，且容易被人閱讀與記得的名字。為店面或診所取一個有意義又好聽的名字，能夠有效吸引顧客的目光。但是我們取的名字到底可不可以使用？在開業前就應先向各縣市政府或經濟部商業司進行公司行號名字預查，以確定沒有相同的公司行號已經登記相同的名字。

首先可以到經濟部的「全國商工行政服務入口網→主要業務→商業名稱預查及登記→商業名稱預查→商業名稱暨所營事業預查輔助查詢」，確認欲申請之公司名稱是否符合「商業不得使用與他商業相同之名稱」之規定，參考「全國商工行政服務入口網→主要業務→商業名稱預查及登記」之方式申請公司名字，或是請專業會計師為你代辦相關繁瑣的程序。

預查名稱經核准後，保留期限為自核准之日起算 2 個月內，期限屆期前得申請延展保留，期間為 1 個月，且以一次為限；逾 1 個月未送件申請營利登記，就要重新申請。當「公司名稱預查」申請核准後，自核准日起，經濟部會為該申請名稱保留 6 個月，也就是說，假設你忘記再次登記申請保留，而有他人對你提出的公司名稱有興趣並提出申請時，你想好的品牌名稱就會歸先登記申請者所有。

《商業登記法》第 28 條

商業在同一直轄市或縣（市），不得使用與已登記之商業相同之名稱。但增設分支機構於他直轄市或縣（市），附記足以表示其為分支機構之明確字樣者，不在此限。商業之名稱，亦不得使用公司字樣。

商業名稱及所營業務，於商業登記前，應先申請核准，並保留商業名稱於一定期間內，不得為其他商業使用；其申請程序、商業名稱與所營業務之記載方式、保留期間及其他應遵行事項之準則，由中央主管機關定之。

• 商工行政法規一覽

• 全國商工行政服務入口網

經濟部商業司
商工登記公示資料查詢服務

Language

全華
查詢

訂閱公示異動資料(訂閱/登入)
介接公司、商業登記開放資料API
下載財政部全國營業(稅籍)登記資料集

必填 搜尋資料: ◉名稱或統一編號或工廠登記編號 ◎地址 ◎公司代表人 ◎跨域查詢(如：產品等)
必填 資料種類: ☑公司 □分公司 □商業 □工廠 □有限合夥
登記現況: ◎僅顯示核准設立 ◎其他 ◉全部顯示
進階查詢條件(選擇縣市或所營事業)

您知道嗎？公司登記 線上辦省300

共48筆、分3頁　　舊版表格格式 | 新版清單格式

全華事務機器有限公司
統一編號：22566584，登記機關：經濟部中部辦公室，登記現況：解散，地址：　，資料種類：公司，核准設立日期 ：，核准變更日期：0770407
詳細資料

全華資訊有限公司
統一編號：22593371，登記機關：經濟部中部辦公室，登記現況：撤銷，地址：苗栗縣苗栗市綠苗里中正路一鄰七〇七號，資料種類：公司，核准設立日期 ：0760905，核准變更日期：0791109
詳細資料

全華科技股份有限公司
統一編號：23644671，登記機關：高雄市政府經濟發展局，登記現況：核准設立，地址：高雄市燕巢區安林二街55號，資料種類：公司，核准設立日期 ：0790416，核准變更日期：1021002
詳細資料

全華電子有限公司
統一編號：23234846，登記機關：臺中市政府，登記現況：核准設立，地址：臺中市北屯區天津路4段116號，資料種類：公司，核准設立日期 ：0780404，核准變更日期：0980211
詳細資料

全華機電有限公司
統一編號：84714327，登記機關：高雄市政府經濟發展局，登記現況：撤銷，地址：高雄市新興區六合一路53之8號3樓，資料種類：公司，核准設立日期 ：0821220，核准變更日期：0831103
詳細資料

全華圖書股份有限公司
統一編號：04383129，登記機關：新北市政府，登記現況：核准設立，地址：新北市土城區忠義路21號，資料種類：公司，核准設立日期 ：0620803，核准變更日期：1070829
詳細資料

全華測漏防水有限公司
統一編號：22177396，登記機關：臺北市政府，登記現況：廢止，地址：臺北市南港區興華路107號5樓，資料種類：公司，核准設立日期 ：0750731，核准變更日期：0891130
詳細資料

全華投資股份有限公司
統一編號：16623849，登記機關：臺北市政府，登記現況：核准設立，地址：臺北市北投區振興街31號1樓，資料種類：公司，核准設立日期 ：0870905，核准變更日期：1080724
詳細資料

全華建設股份有限公司
統一編號：23638328，登記機關：臺北市政府，登記現況：廢止，地址：臺北市中山區長安東路１段２１號６樓之１，資料種類：公司，核准設立日期 ：0790322，核准變更日期：0891114
詳細資料

全華工程有限公司
統一編號：23967453，登記機關：新北市政府，登記現況：核准設立，地址：新北市淡水區北新路69巷42之1號8樓之1，資料種類：公司，核准設立日期 ：0800111，核准變更日期：1061017
詳細資料

全華電訊股份有限公司
統一編號：23998977，登記機關：臺北市政府，登記現況：解散，地址：臺北市資料空白，資料種類：公司，核准設立日期 ：0800117，核准變更日期：0840222
詳細資料

- 營業名稱暨所營事業預查輔助查詢：以「全華」二字查詢

企業型態

企業型態不同，則其相關規範亦皆不同，需要檢附的資料也不盡相同。《公司法》允許之組織形態共為四種（無限、有限、兩合、股份有限公司），然而目前實務上絕大多數採取「有限公司」或「股份有限公司」，另外還有獨資經營與合夥經營的模式，其差異可參照下表。

• 表 企業型態差異

<table>
<tr><th rowspan="2">企業型態</th><th rowspan="2">獨資</th><th rowspan="2">合夥</th><th colspan="4">公司</th></tr>
<tr><th>無限公司</th><th>有限公司</th><th>兩合公司</th><th>股份有限公司</th></tr>
<tr><td>組成人數</td><td>一人</td><td>二人以上</td><td>二人以上</td><td>一人以上</td><td>二人以上</td><td>二人以上或政府、法人股東一人</td></tr>
<tr><td>法人資格[3]</td><td colspan="2">無</td><td colspan="4">有</td></tr>
<tr><td>公司名稱及規定</td><td colspan="2">XX 商行
XX 企業社
XX 實業社</td><td colspan="4">XX 無限／有限 / 兩合／股份有限 公司
XX 企業 無限／有限／兩合 / 股份有限 公司
XX 實業 無限／有限／兩合／股份有限 公司</td></tr>
<tr><td>存款（資本）證明及簽證</td><td colspan="2">25 萬以上需存款證明</td><td colspan="4">需存款（資本）證明和會計師簽證</td></tr>
<tr><td>債務清償責任</td><td>無限清償責任</td><td>連帶無限清償責任</td><td>連帶無限清償責任</td><td>就其出資額為限，對公司負其責任</td><td>一人以上無限責任，一人以上就其出資額負有限責任</td><td>全部資本分為股份，股東就其所認股份，對公司負其責任</td></tr>
</table>

建議要先確認設立的類型，以及在海外、大陸是否要同步登記分公司，無論在何地設立公司，皆需要經過登記許可與報備，由於相關法規與手續繁瑣，建議可以尋求登記有案的專業會計師代為申請，能大大減少因相關資料準備錯誤而造成申請延誤的可能。

3 法人就是由法律所創設得為權利與義務主體的團體，可以與各社員或財產分離，具有獨立的法人格，可以獨立為法律行為。非法人資格就是用自然人的名義經營，所有的營利和債務責任都歸自然人所有。

營業登記

「營業登記」代表公司是以營利為目的，分為「行號」與「公司」兩種，如果資本額不超過 50 萬元便歸類為行號，行號又分為獨資與合夥。獨資是個人獨自出資，依《商業登記法》規定，向各地之縣（市）政府辦理商業登記，並辦理營業稅籍登記；合夥企業是由兩個或兩個以上的自然人透過訂立合夥契約，共同出資，依《商業登記法》規定，向各地之縣（市）政府辦理商業登記，請領營利事業登記證。

公司則依《公司法》辦理公司執照登記，再按《商業登記法》向各地方政府辦理營利事業登記。公司所在地不同，則在不同機關辦理，相關商業登記與申辦業務可至全國商工行政服務入口網查詢，若是跨國或異地申辦，請一定要先瞭解該國家的國情與當地法規再開始進行申請較為妥當。現在政府提供「公司、商業及有限合夥一站式線上申請作業」，但許多人還是傾向交由專業會計師協助處理，省去繁雜作業、減少資料錯誤造成的延誤。

• 本國公司登記相關規定

• 公司、商業及有限合夥一站式線上申請

要注意，美容醫學診所因涉及醫療行為，法人不得以獨資或合夥方式成立美醫中心，法人若要開立美醫診所，必須與持有醫師資格身分者合力開業，並由醫師成為院長方能申請，且相關申請須符合衛生局之規範。故一般法人是不具醫療資格的，美容業者不得自行申請診所以及自行從事醫療行為。

美醫診所開業登記或遷址登記相關規範較一般公司行號申請不同，需檢附的相關證明要求也比較多，需要依照醫院診所設立的相關法規執行，可參考衛生福利部的《醫療機構設置標準》。醫療院所內的美容醫學業務，若非屬醫療勞務，僅為單純美容部門，則屬一般商業行為，應辦理公司或商業登記，並載明相關營業項目。

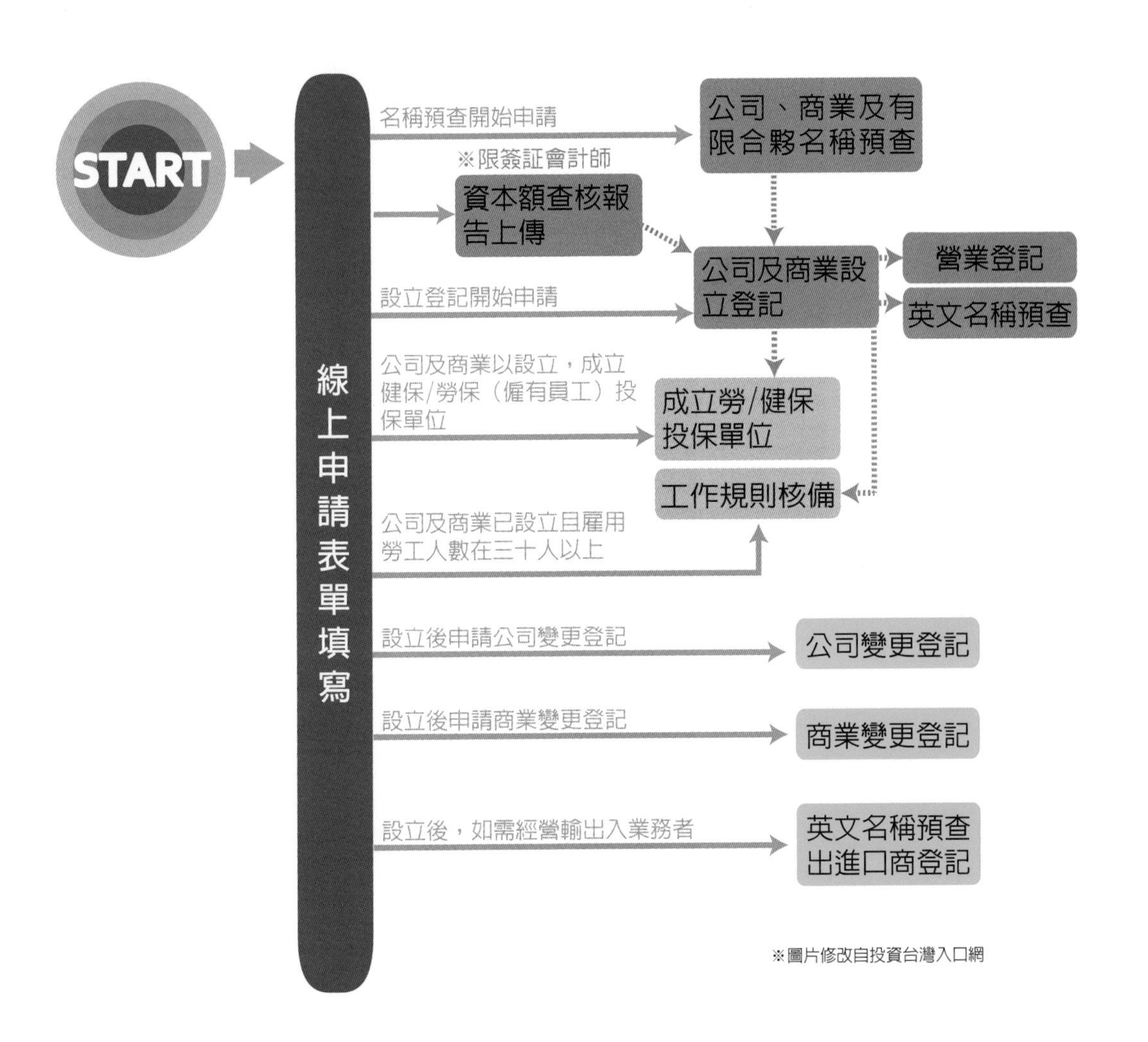

• 公司、商業及有限合夥一站式線上申請作業

申請稅籍登記

申請好營利事業登記後，我們就需要申請稅籍登記，若是業者無法自行申請，可以委請會計師代理申報，向財政部賦稅署申請登記為稅務代理人代理所得稅事務。有關營利事業的稅籍登記申請，必須向地方政府國稅局或稽徵所辦理。

通常公司必須開立統一發票，而行號的平均月營業額少於 20 萬元則可以申請免使用統一發票，但稅務員還是會依店面大小、桌椅數量、營業種類、從業人員數量、貨品單價等方面去考量。

對於美容醫學診所而言，若診療項目屬「醫療勞務」之範疇，依規定免辦營業登記，免課徵營業稅，醫美院所販售之保養品，為一般商業行為，不屬於醫療勞務範疇，應依法辦理營業登記，課徵營業稅。

販售信託與履約

美容健康復癒產業常會販售禮券，實際上經濟部為了強化保障消費者權益，避免因業者營運有異動時造成相關權利人之權益受損，故經濟部於民國 103 年公告修正《零售業等商品（服務）禮券定型化契約應記載及不得記載事項》，依《消費者保護法》規定，要求業者於發行禮券時必須從五種機制（信託、銀行履約保證、同業互保、公會連保、其他經經濟部許可並經行政院消費者保護處同意之履約保證方式）中任選一項以保障消費者權益。

以「禮券預收款信託」為例，係指發行禮券（預售券）的業者在發行禮券前或發行時，需要與消費者簽訂零售業等商品（服務）禮券定型化契約，同時業者須將發行禮券之總金額信託予受託銀行單位，雙方簽訂信託契約，由受託銀行依該信託契約約定管理或處分信託財產。

購買禮券後，消費者享有一年的信託保障，如果超過一年期間消費者仍未使用禮券，業者也可向受託銀行請求返還該筆信託財產，或信託保證期滿後，業者始可領回該筆信託財產，相關信託架構關係圖如下：

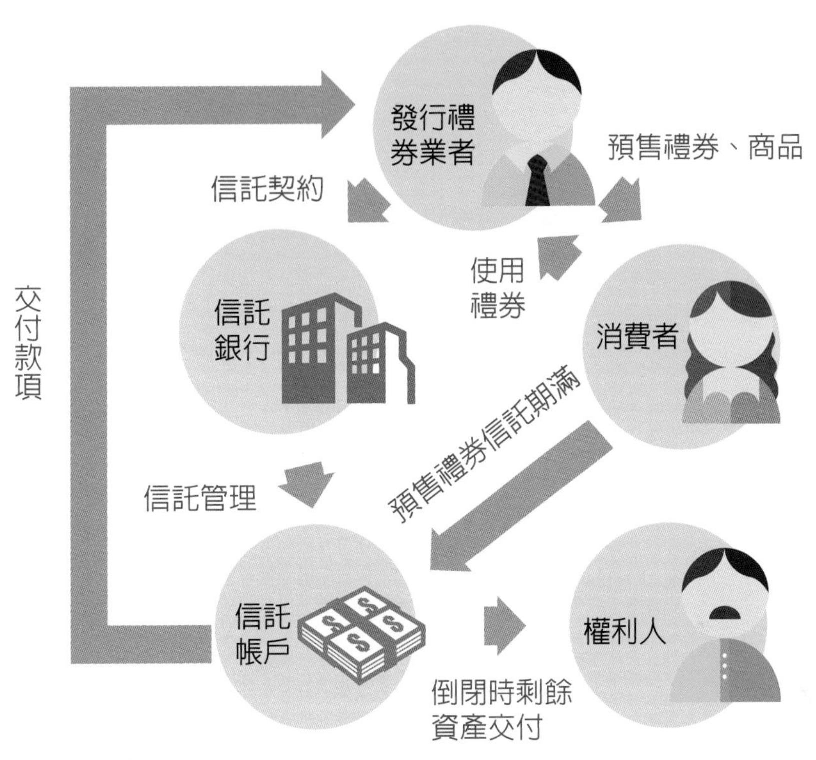

• 預售禮券信託關係圖

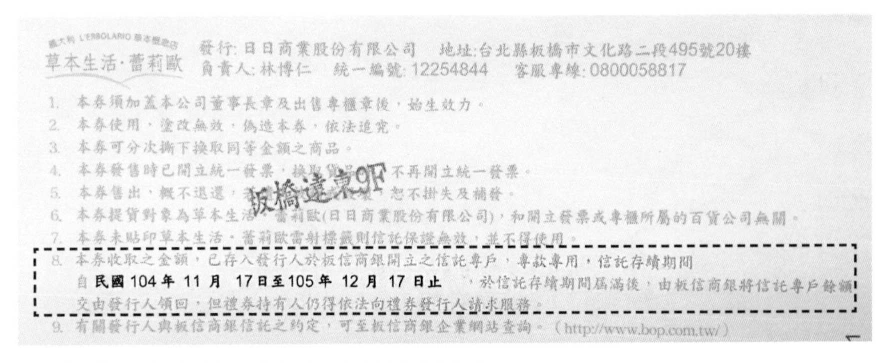

草本生活·蕾莉歐　發行:日日商業股份有限公司　地址:台北縣板橋市文化路二段495號20樓
負責人:林博仁　統一編號:12254844　客服專線:0800058817

1. 本券須加蓋本公司董事長章及出售專櫃章後，始生效力。
2. 本券使用，塗改無效，偽造本券，依法追究。
3. 本券可分次撕下換取同等金額之商品。
4. 本券發售時已開立統一發票，換取貨品[illegible]不再開立統一發票。
5. 本券售出，概不退還，[illegible]，恕不掛失及補發。
6. 本券提貨對象為草本生活·蕾莉歐(日日商業股份有限公司)，和開立發票或專櫃所屬的百貨公司無關。
7. 本券未貼印草本生活·蕾莉歐雷射標籤則信託保證無效，並不得使用。
8. 本券收取之金額，已存入發行人於板信商銀開立之信託專戶，專款專用，信託存續期間自民國104年 11月 17日至105年 12月 17日止，於信託存續期間屆滿後，由板信商銀將信託專戶餘額交由發行人領回，但禮券持有人仍得依法向禮券發行人請求服務。
9. 有關發行人與板信商銀信託之約定，可至板信商銀企業網站查詢。(http://www.bop.com.tw/)

板橋遠東9F

• 實體禮券，其第八點即為銀行信託履約保證事項

CHAPTER

4

開店前的準備

當店面位置確定，進入籌備工作時，可將相關作業分為四大階段：現場籌備規劃→營銷與人資作業→訓練與監督執行→驗收與修正。在正式營運前的相關作業，必須分別在這四個階段完成，才能在完工的同時開始營運。

我們以費時最長的裝潢工程期為主軸，分別將開店籌備的四個階段安排在這個主軸上，做成展店籌備相關流程圖，並說明如何同時間完成所有作業，也方便讀者理解不同階段的工作內容。要注意，每個場域的大小不同，所需要的時間就會不同，同時也會因為經驗和施工團隊的不同，而影響作業所需的時間。請依照營業店大小和施工團隊的經驗，與設計師討論，之後再設定工程期與籌備期。而在進行場域規劃的同時，我們需要簽立多項不同的合約，例如：租賃契約、採購契約、工程合約等等，避免房子已經租下來、裝潢也開始進行了，才發現諸多問題。關於合約簽訂的注意事項，可參考前一章。

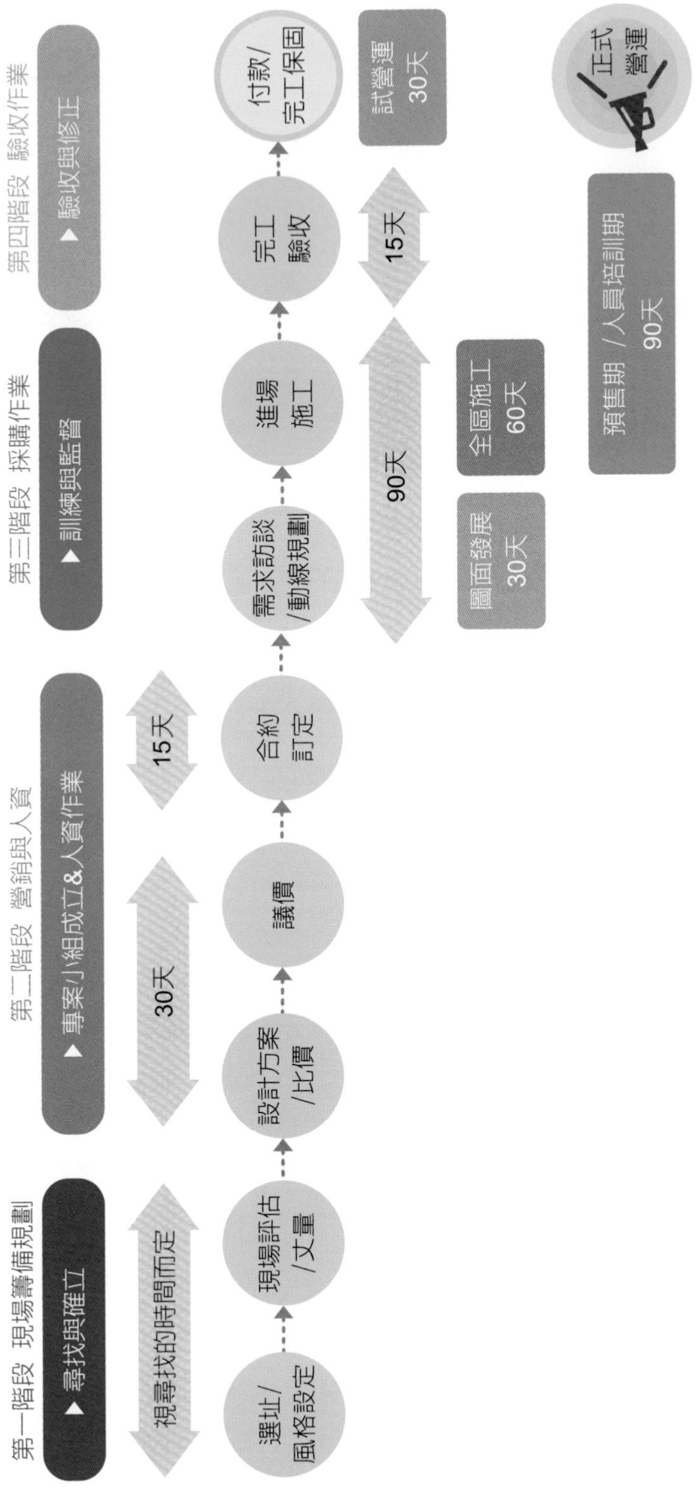

第一階段 現場籌備規劃
▶ 尋找與確立
視尋找的時間而定

第二階段 營銷與人資
▶ 專案小組成立&人資作業
30天
15天

第三階段 採購作業
▶ 訓練與監督

第四階段 驗收作業
▶ 驗收與修正

選址/風格設定 → 現場評估/丈量 → 設計方案/比價 → 議價 → 合約訂定 → 需求訪談/動線規劃 → 進場施工 → 完工驗收 → 付款/完工保固

90天
15天
試營運 30天
圖面發展 30天
全區施工 60天
預售期 /人員培訓期 90天
正式營運

• 展店籌備相關流程圖

• 【左圖】拓 Quo Rejuvenate Spa 原始承租樣貌

• 【右圖】裝潢好的拓 Quo Rejuvenate Spa

好的裝潢與規劃，對於正式營運的成敗占有舉足輕重的地位，在開店前應該先為店面和品牌定下理想的風格，例如歐洲風、日本風、豪華貴族風、自然風或混搭風等。店面與品牌的設計風格會吸引相同喜好的族群，而場域的風格，也會影響消費者在內心對你所提供服務的評價。所以在初期規劃店面裝潢時，就要提出明確的需求，如此設計師在進行相關規劃時，方能適切地為物業搭配做出最合適的設計。

以拓 Quo Rejuvenate Spa 為例，最初承租時，是一個沒有裝潢且管線外露的大型空間，部分牆面還有受潮造成油漆剝落的情形。在與設計師溝通時，表達了想將環保與大自然搬進這個空間的概念，於是設計師利用真假植栽，創造出自然舒適的空間。

店面的裝潢設計可概分為：籌備規劃、設計規劃、施工監督與驗收修正四大步驟，其流程和預估時程請參考前一頁的展店籌備相關流程圖；而在進行施工作業時，主要分為建築工程、內裝工程、設備工程、裝潢工程、綠化園藝工程以及軟體配置等項目，我們必須事先針對這些項目來評估與規劃，才能有效地與設計公司溝通。

尋找優良的設計團隊

場域風格能輔助企業吸引相對層級的目標客戶，除此之外，若能在展店前將動線規劃完善，必然可讓服務流程更為順暢，並節約工作時數。良善的設計亦能增加顧客滿意度，當然這樣的滿意與經驗需要同時結合現場提供的服務技術，但好的營業場域能為品牌增加不少滿意度。

業者需要在進行店鋪設計前，規劃出理想店面規劃的相關順序流程，避免一失足成千古恨，因為一個環節沒有注意到，可能就會導致企業與承包商產生許多爭議。舉例來說，業者希望裝潢呈現峇里島風情，溝通後承包商接收到的訊息是自然風，因為雙方對於設計風格的認知不同，導致接近完工時，業者才發現店面呈現出來的樣貌不如預期，進而要求拆除、修改或扣施工貨款等，造成了工期延長，這都是因為在事前沒有溝通好而產生的不良結果。

另一種狀況是業者沒有告知設計廠商室內工作的需求，例如場內會使用的儀器設備、電量需求、燈光與特殊音樂需求等，當完工後才發現缺少插座、儲藏室不足、燈光不足、消防與建築物安全不符合規定等，這些都是因為沒有事先規劃完善與溝通的關係，導致最後才發現錯誤安置、一改再改，白花費時間和金錢。因此建議依照各個區域製作相關備品清單，以便讓設計師清楚了解各區域的需求，使設計出來的物件能完全符合工作所需的環境。

使用電量的計算

最好將所有可能引進的儀器與設備會設置在哪些房間，以及所需要的用電需求，在提供給設計師的清單上載明清楚，便於設計師計算最大用電量和插座數，避免插座不足，或開啟使用後造成跳電的問題。

然而，有些裝潢好的物件根本難以再修改，輕則造成額外費用增加，重則不符法規而無法申請營業執照，必須放棄這個場域；或是配合動線不順暢，造成日後服務顧客的困擾，進而產生客訴抱怨的問題，影響到消費者再次到店消費的意願。

在做整體規劃時，業者對設計公司不應有錯誤認知以及過高的期望，有些業者會認為設計公司已有多年的室內設計經驗，應該能立即了解產業的需求，然而不同產業的營業形態種類繁多，營業現場的需求亦會隨著服務項目有所不同，所以我們不能完全依靠不瞭解你的營業型態與工作需求的設計公司，在未知的情況下就能規劃出完美的營業現場。故在設計與規劃前，應先成立工作小組，將各區的需求與想法一一列出，彙整後再依工作內容分工，並與設計公司溝通設計需求，當然如果我們能夠與有產業開店經驗的人員或設計公司合作，一定能避免許多誤差。以下做一個簡單的舉例：

需求區域	需求項目	說　明	數量
療程VIP室	美容推車	長52cm×寬36cm×高77.5cm （加輪子4.5cm）	5台
	熱毛巾蒸箱	放置櫃子中，需注意散熱問題 高35cm×寬45cm×深26cm	1台
	薰香燈	放置於桌面上 20W/110V=0.18A安培	5台
	G5高頻率震脂儀	站立式且可移動 180W/110V=1.64A安培	2台
調配室	插座	最少3座插座孔 （含220V的插座乙組）	1台
針劑室	小冰箱	高77.3cm×寬41.4cm×深50cm 110V，供針劑使用	1台

• 規劃工作單

你可以依照你的場域大小以及各區域需求來製作出專屬你的清單，同時這個表單還可以輔助你作為工作進度確認單。若是有共用設備的情形，也需要註記於清單上，以免在開店忙碌之餘產生疏忽遺漏。

該如何尋找有經驗的設計公司呢？可以依循以下的方式來選擇適合的設計師與施工團隊。

❶請有經驗或認識的人介紹

透過熟悉的人介紹，能幫助你在設計場域的過程減少錯誤的產生，同時因為有人情關係往往也會比較認真負責。你可以請設計師提供曾經設計的案例，幫助你快速了解此設計師的設計風格，或是在市場上觀察有哪些設計風格佳、場域氛圍舒適以及動線順暢的店，直接詢問他們的設計師是誰，請店家推薦，通常這樣的設計團隊設計出來的場域可信度相對提高。

❷尋找有口碑的設計團隊

除了要找到一位曾經有產業相關經驗的設計團隊，還要打聽這個團隊的口碑風評。有些團隊雖然有經驗，但是口碑不佳，例如收尾不完善、漏水、偷工減料、保固維修狀況不佳等問題。記得，一個場域設計不是只要美就好，我們還需要一個健全完善的使用空間。一分錢一分貨，當業者給的預算太少或殺價太多，別以為占到了便宜，往往在開業後才發現大小問題不斷發生，結果花更多的錢來維修，反而得不償失。

❸多家比稿競標

貨比三家不吃虧，選擇 3 ～ 4 家設計公司來進行比稿與比價，設計公司會更嚴謹的處理，而不會隨便報價或敷衍了事。要注意有些設計公司比稿是要費用的，不要省下這個費用，記得，選擇最適合而非最便宜，你的設計公司要能確實了解並忠實呈現你的想法，重視客戶的設計師會針對你的需求告知相關處理的利弊並進行分析，讓人感到放心且信賴。比稿過程中最忌諱的是拿了設計團隊的設計圖後，卻另找施工單位處理，不僅失去他人的信賴、惡化自身的信譽，也容易因缺乏專業人士的協調造成種種施工問題。

工作需求訪談

確立風格與需求後，就可以開始進行細部工程規劃，也就是區域劃分。此階段必須與設計公司進行需求訪談，檢視店內所有的機能、需求、最佳服務動線、閒置空間的占比、VIP Room 的數量規劃、桑拿區、花茶區等，同時需要特別注意水路與供水量、電路與電力最大需求、空調、消防設備、通風等各管線的施工安排。

• 進行細部工程規劃前，要做工作需求訪談。

空間應該如何規劃方能有效利用？一個場域空間不可能全部都是房間設施，營業場所還需要配置櫃台、接待區、公共休息區、等待區、單人及雙人 VIP 房間、員工休息區、儲藏室、吧台等各種設施設備，基於場地的大小不同以及服務客群層級不同，設計就會不同。以 Spa 產業為例，針對臺灣 Spa 產業調查（Intelligent Spas，臺灣 Spa 產業剖析 2006 ～ 2008[1]），Spa 基礎建設個別平均占比若以室內面積 457 平方公尺為例，約為 138 坪。

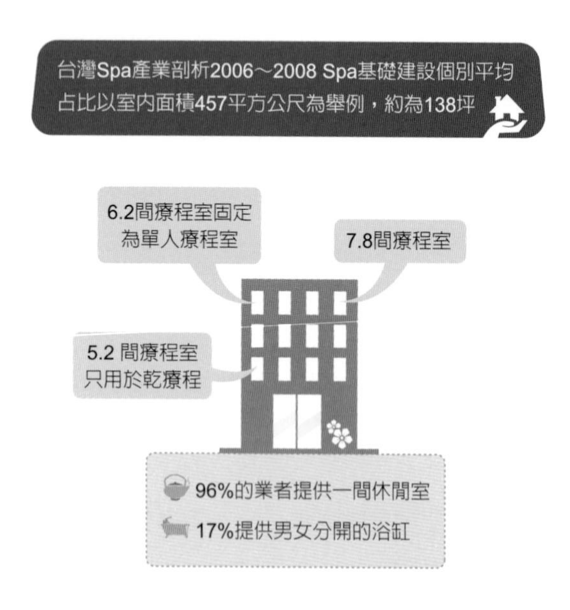

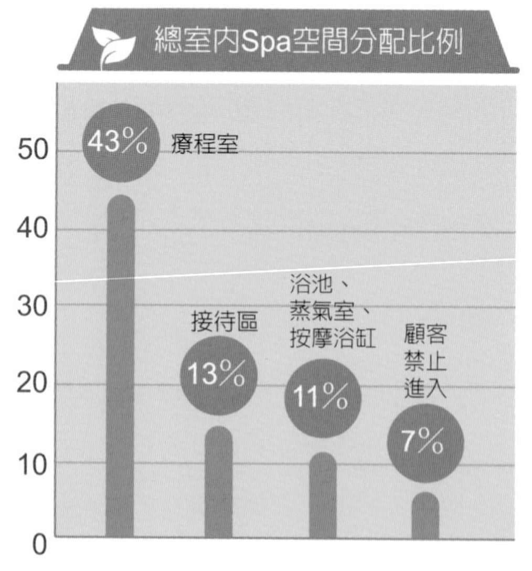

1　由於 2008 年至今，產業變化差異不大，故採此數據為參考依據

由此可知，開設一個營業現場的準備工作，除了場域大小、設計風格、選材用料的溝通外，我們還需要有效分配各個區域，方能為營業現場帶來良好的規劃、展現良好的績效。比如附設 Spa 的美醫診所，整體區域規劃可做環狀設計，以顧客集合的大廳為中心，將診療室與 Spa 房區隔開，顧客能分隔接受美醫療程與 Spa 服務，對於顧客的隱私來說，是一大保障。而屬於員工的區域，則安置在療程區的角落，減少顧客誤闖的可能。

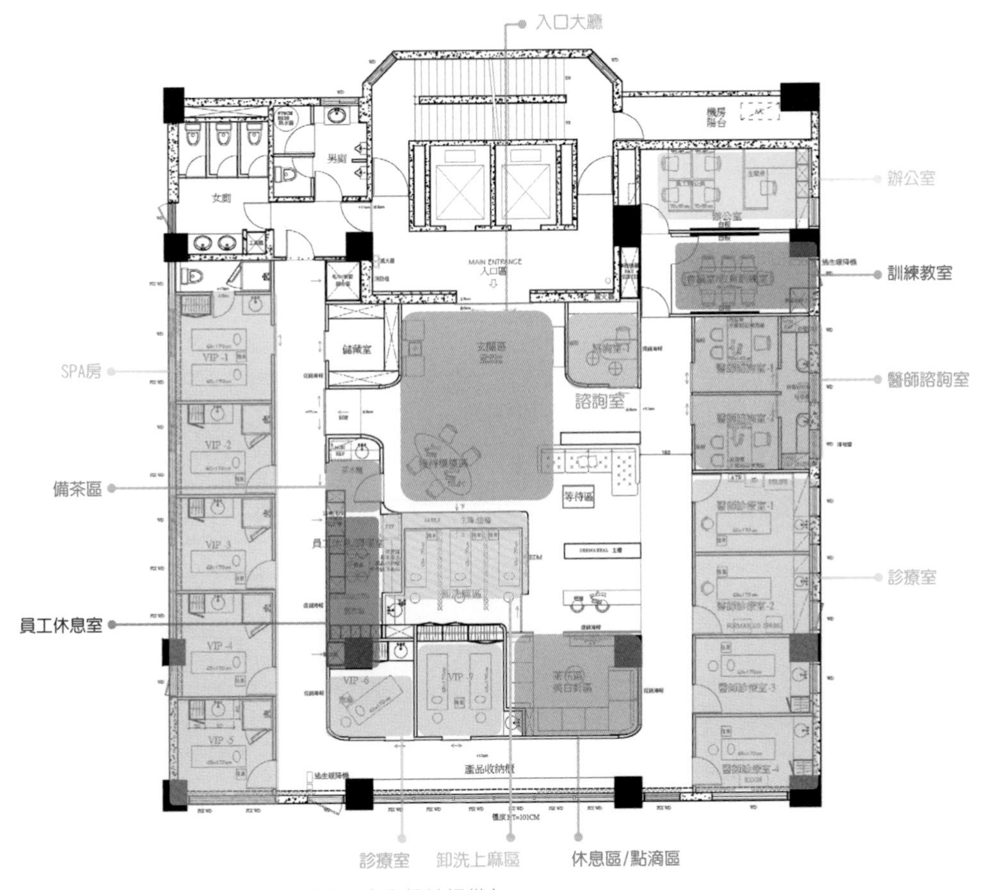

• 附設 SPA 的美醫診所平面圖（睿思室內設計提供）

• 診所附設美容中心

依現行法規，醫美診所受《醫療法》及《醫療機構設置標準》規範，只能進行醫療行為，美容中心雖可與診所「同址」設立，但空間需有明顯區隔及獨立出入口。

以下針對與設計師討論規劃細部工程時，應該多加討論與注意的事項，加以舉例說明。

❶外觀辨識系統

外觀設計需考量企業識別 CIS 整體的設計與呈現，一個清楚易辨識的招牌很重要，不要讓消費者難以辨識或是搞不清楚行業別；此外，在承租前最好與房東或大樓管委會確認招牌的設置，並請施工單位評估掛上招牌後可能產生的問題。例如大樓是玻璃帷幕無法掛招牌，或是大樓為顧及整體外觀的形象，不允許掛上外招牌，或是風水等問題，承租前都要一一確認，以免最後發現招牌無處可掛。而招牌除了外掛式，還可以注意梯間、騎樓、大樓識別以及立旗等可行性評估，若不能設置招牌，也需要有能讓消費者識別的廣告物件，在開幕前就要先將招牌掛好，除此之外，也不要忘記注意大門的燈光照明、攝影機與緊急逃生設備等。

・位於騎樓上方的招牌

關於主要識別的考量，我們以拓 Quo Rejuvenate Spa 為例，最初在設計 LOGO 時，請設計師分別就無中文字與有中文字，各發想兩種設計來選擇主要識別。考慮到整體視覺的注目性、印象深刻度、比例美觀，以及臺灣人較習慣閱讀中文字的考量，最後選擇圖中的 D 作為主要識別。

• 拓 Quo Rejuvenate Spa 的主要識別設計

接著在設計招牌時，由於招牌為掛在外牆上的橫式招牌，為了避免夜間看不清楚，故選擇以白色為主的樣式，逐字都有單一光源，讓顧客容易識別。

• 拓 Quo Rejuvenate Spa 的招牌設計

• 何謂 CIS？

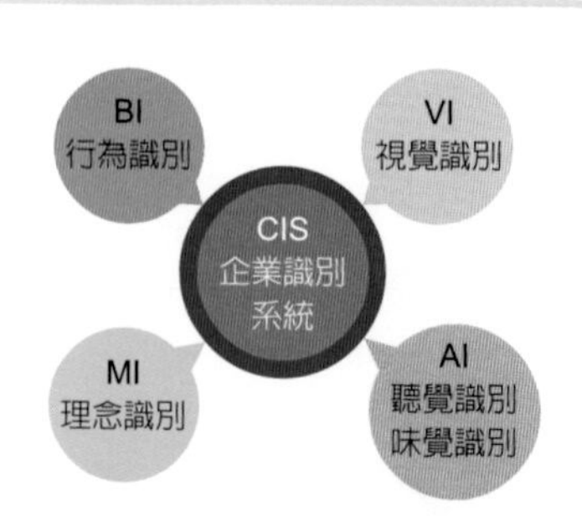

CIS 是英文 Corporate Identity System 的簡稱，代表企業形象與企業的識別性，其構成有四個面向：MI、BI、VI、AI。

1. MI（理念識別 Mind Identity）

企業的經營理念是整個企業識別系統的核心靈魂，它涵蓋了企業的整體經營方針、形象、精神、價值觀、定位與企業目標等內容，透過簡潔明確的方式對內外表達企業經營之意識型態。

2. BI（行為識別 Behavior Identity）

行為理念是實踐企業核心文化的表現，藉由企業內部完善的組織管理、規章、教育、福利制度等具體的管理模式呈現在員工行為上，藉由員工的行為表現、服務態度與銷售行為等，對外反映出企業的經營理念和價值觀，同時藉由企業對外的公共關係、營銷活動、社會公益等方式傳達企業理念與企業形象，以獲得社會大眾對企業的認同。

3. VI（視覺識別 Visual Identity）

符號是企業識別中最基本的元素，它必須透過標準的商標標誌、字體、顏色等，將企業的形象、理念、文化清楚的藉由標準識別符號塑造出獨特的視覺面貌，並透過招牌、名片、廣告等模式傳達給社會大眾，進而讓社會大眾透過這些標準符號對企業留下深刻的識別印象。無論你的公司或企業規模是大是小，這是每一個顧客與企業連結的必備元素。

4. AI（聽覺識別 Audio Identity/氣味識別 Air Identity）

AI 有些人稱為聽覺，有些人稱為氣味識別，由於兩者有異曲同工之意，在此將兩項合併討論。固定的歌曲或是氣味，能讓消費者聽到或是聞到時能跟企業連結，很多企業在做廣告時會用相同的背景音樂將企業的精神結合在歌曲中，讓消費者即使在沒有看到畫面的情況下，一旦聽到音樂或聞到香味，也能知道是哪間公司。例如便利商店開門時播放的音樂，只要聽到相同旋律，腦海中就會浮現那間店；或是在百貨公司，只要聞到精油薰香的香氣，就知道是香氛品牌的樓層。無論是聲音還是氣味，都會在消費者的心中留下與企業印象的連結，有助企業傳達企業核心文化意念，但注意，若是經常更換音樂和氣味，那麼就無法藉由此方式來與消費者建立溝通的橋樑。

❷櫃台接待區

這是面對顧客最重要的樞紐，顧客一進門，櫃台呈現的樣貌就已經決定了顧客對這家店的喜惡感受。櫃台除了設計要美觀外，對於工作者的便利性也很重要，因此在設計時要注意櫃台高度的適切性，這跟服務流程有關係，舉例來說：

低台面的櫃台服務人員是坐下來服務顧客，而高台面的櫃台服務人員需要站起來服務顧客，其利弊如何？其實都可用管理來克服。櫃台內走道不要過窄，電腦與刷卡機的擺放要注意不要讓桌面感覺凌亂，收納櫃設計的多寡或大小對於顧客資料卡或相關備品的擺放等都是息息相關的。另外可以考量在接待區附近設立接待休息的緩衝區，以利顧客等待時有利於櫃台人員照顧訪客。

• 由遠處看，挑高的櫃台能遮掩視線，不讓顧客直接看到桌面，但與顧客較有疏離感。正常高度的桌面，可擺放電腦、電話、預約本等物品；挑高的上層桌面，可讓顧客置物、簽名等，並略為遮掩下層。

• 低櫃台與顧客的距離較近，但東西一多，就易顯得桌面雜亂，讓顧客覺得不專業。建議桌上只放必要的物品，如電話與刷卡機等設備，其他物品如名冊、文具可放置於抽屜或櫃內，避免桌面雜亂。

• 【右上圖】睿思室內設計提供
• 【右中圖】拓 Qua Rejuvenate SPA 提供
• 【右下圖】櫃台是給顧客的第一印象，整潔乾淨的櫃台可以讓顧客第一眼就喜歡店內

❸ 商品展示區／販售區

此區塊是要獨立設計一個精品展示間，或是將陳列架與櫃台連結，不同的設計對於人力安排將會有不同的影響。大部分的營業現場為了將有限的營業空間妥善運用，多把商品展售與服務櫃台設計在一起，以便於櫃台人員管理。若需規劃的場域是一個非常大的空間，當然可以將企業形象與商品展售空間合為一體，特別獨立出來一處作為 Spa 商品販售區，此作法可以增加企業形象，並且與顧客產生更緊密的關係。若要設置此空間，需先規劃好人力與販售與服務 SOP，以免當櫃台或其他服務人員正在忙碌而顧客欲購買商品時，無人可為顧客進行介紹，造成顧客的購買意願消退的情形。

無論是哪一種設計方式，商品展示區最重要的就是燈光與展示架的搭配。商品是否能被凸顯出來，光線的重要性可是占了非常大的成分，設計得當不但會為企業形象加分，同時也能促進顧客購買；設計不適宜時，則容易造成場域紊亂以及消費者的購買意願降低。

另外在設計商品陳設的同時，還要注意顧客接觸商品的距離和方便性，大部分消費者若可以直接接觸商品，會增加購買意願；若商品呈現鎖在櫃內的狀態，只靠服務人員口述推薦、促銷，那麼很可能會使顧客產生不斷被推銷的感受，環境與顧客間的互動關係也是推動商品的關鍵因素之一。

- 【左上圖】與櫃台相連的商品展示區（蜜納法式護膚中心、睿思室內設計提供）
- 【左下圖】與諮詢區相連的商品展示空間（睿思室內設計提供）
- 【右圖】獨立的商品展示空間（瑞醫科技美容 SWISSPA 提供）

• 【左圖】開放的諮詢空間

• 【右圖】獨立的諮詢空間（瑞醫科技美容 SWISSPA 提供）

❹諮詢專區

由於有些顧客不喜歡在公共區域談及自身隱私，因此建議設置獨立空間供專業人員與顧客進行私人的洽談，當然這需要依照場域的大小以及營業現場的需求來做安排。若要設置獨立的諮詢區，隔音設備也需要適當安排進空間規劃內，以免在洽談過程中，諮詢區發出太多聲音而打擾到其他休息中的顧客。

在諮詢室內可以考慮設置輔助諮詢之儀器或電子設備，這能幫助諮詢過程取得準確的判斷數據及圖文資料，為顧客進行清晰的說明或分析，以促進顧客了解所談內容與自身的關係。

當然，若是場地有限，可以採用開放的諮詢方式，但要注意區域的燈光明暗、座位大小和諮詢桌的高度等，這些細節皆會讓諮詢過程中的互動更加順利。

❺更衣室

有些營業現場會特別設計更衣室，因為恰當的更衣空間有助於顧客進出轉換，而且專屬的空間會讓顧客感受到較私密的安全感。建議準備可上鎖的櫥櫃，以便讓顧客放置隨身物品，同時要注意更衣室的動線設計要配合服務流程，以及更衣室位置要避免設計在靠近大門的地方，這容易使顧客感到不安。另外在設計此區塊時還需要注意通風以及走道的寬度，畢竟這裡是顧客進出交會的區塊，不要設計得太擁擠，以免降低顧客對整體體驗的滿意度。

業者也可以將更衣的流程與附鎖的櫥櫃直接設計在療程房間內，但是這樣的設計會拉長顧客進行療程前後停留在房內的時間，所以服務人員要注意控場，以免降低床效。最後要注意，男士與女士的更衣區要分開設立，無論是設立在哪裡，當引導男性顧客進入療程房時，盡量巧妙地將女性顧客與男性顧客避開，不要讓雙方直接在衣衫不整的情況下碰到面，這樣會造成女性顧客產生不安全感。

❻梳妝區

做完療程的顧客，通常在離開前會再打理自己的髮妝，所以建議業者將梳妝區緊鄰更衣區來設置，並且提供已消毒的梳子、吹風機、基礎保養品等，讓顧客更衣後可直接梳妝打扮再出門。本區要特別注意鏡子與燈光的安排，若是燈光過於昏暗容易讓人感到環境不乾淨，尤其在做完療程後，消費者都喜歡看見自己變亮麗的容貌與整齊的衣著，另外除了明亮的燈光，建議也安排大面的鏡子，讓顧客可以在離開前清楚看見自己的服儀。

此外還要注意毛巾回收區塊和垃圾桶的設計，讓顧客在梳妝完畢後，可以將使用過的毛巾放置回收箱，垃圾丟至垃圾桶，避免將位置設計得太過隱密，讓顧客不知該將毛巾與垃圾置於何處，導致環境的紊亂。

- 【左圖】與淋浴間共享的梳妝區（拓 Quo Rejuvenate SPA 提供）
- 【右上圖】VIP 房內獨立的梳妝台（睿思室內設計提供）
- 【右下圖】附有梳妝台的更衣室（君 spa 提供）

7 療程區域

療程區是關乎全店營運績效的最主要的區域，療程區經常因為隔音功能太差，或環境動線安排的不舒適，而成為顧客不願意再度光臨的理由。療程區域應依照營業項目或儀器設備的不同，設計單人或是雙人的療程房，與設計師溝通時，要確認房間內如水源、電源、淋浴間、沙發座椅或衣櫃等設備是否配置完善，事先做好細節的確認安排，除了可以避免為了修正錯誤的裝潢而重新施工的支出外，仔細且完善的療程區規劃可提高消費者使用空間的舒適性，更可以有效輔助療程順利進行。

無論是美容護膚Spa、中醫養生經絡、醫學美容、美體護膚、飯店附設Spa等各種經營型態的美容健康復癒店家，在療程區域整體的裝潢設計上，最需要注意的就是燈光，適切的燈光容易引導顧客沉浸在情境內，進入舒適放鬆的狀態。

在進行療程時，可以多加運用間接照明，場內氛圍不但能呈現溫暖的狀態之外，顧客也較能在柔和的燈光與療程的搭配下獲得良好的休息。

但是要注意，如果是醫美的療程房，燈光設置就完全不一樣了，由於醫生需要進行針劑、雷射等較為精細的服務，因此房間內的燈光就要設置得較為明亮，尤其是在執行工作的上方一定要有充足的光源以利醫師精準無誤地進行療程。

而療程房的門片大小與樣貌有時候會因為美觀或特殊性而設計為特殊尺寸，但有的醫美或是 Spa 瘦身等儀器體積較大，在設計前應先確認相關尺寸，以免門做好了但儀器卻進不去。經常有業者在規劃初期沒有將這個因素考量進去，結果儀器無法擺放進去，最後只好把門拆開再重新安置，或是捨棄原先想置入的儀器，造成不必要的損失。

療程房還需要特別注意冷氣的位置、音源控制、水源處理、地面選材、燈光控制、淋浴間安置、廁所與儲物空間等設計，這些都得依照實際需求好好與設計師進行溝通，理想的配置和要能吻合實際作業才能增加工作效益，所以應以整體服務流程與品質為主要考量，設計出符合工作與顧客最佳體驗的空間規劃。

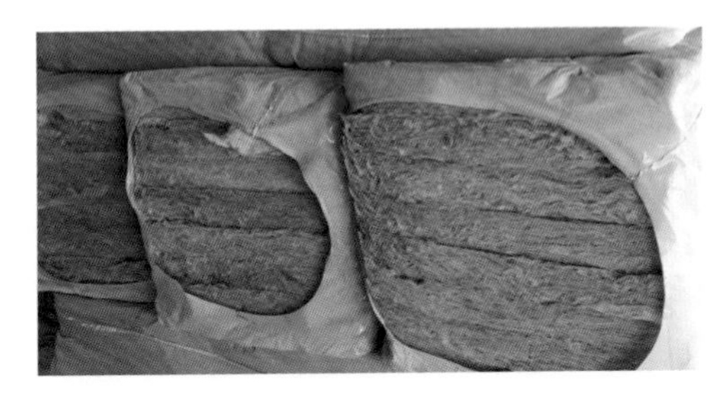

- 在房與房之間夾上隔音棉，可以增強隔音效果

- 【左圖】療程房的門片大小，要考量所有將引進的儀器設備（拓 Quo Rejuvenate Spa 提供）
- 【右圖】水源、音源、空調、選材等都需要考量（拓 Quo Rejuvenate Spa 提供）

8 濕區

有些較大型的營業會館會將乾區與濕區分開安置。濕區是指設有淋浴間、蒸氣室、烤箱與泡澡池等需要用水的區域，地面或空氣會較潮濕；而通常較少接觸水源的區域則是乾區，這樣分開設置有利於環境整潔與保養。當然也可以在房內設置淋浴間或廁所等設備，依照經營形式的不同做適度的安排，以下針對濕區特別需要注意的部分加以說明。

材料選擇：地面、牆面、天花板的材料都要慎選，因為濕區經常是處於潮溼的狀態，為避免產生滑倒、發霉、漏水等問題，選擇材料時就要注意其防滑、防水性，施工後也要確實驗收，以減少人為因素造成的瑕疵。

- 【左圖】獨立個人的淋浴設備
- 【右上圖】設置共用淋浴區塊
- 【右下圖】附有衛浴設備的 VIP 房，要特別注意排水問題

空氣循環：濕區通常設有蒸氣室、淋浴間或烤箱等設備，大量蒸氣容易造成空氣滯悶的現象，我們需要注意空氣是否流通並加強空調或排氣設備，以免空氣不流通使顧客產生暈眩的危險，當然也要避免冷氣直接吹向顧客，造成顧客感到不適甚至因此著涼、感冒。

洗浴設備：施工時要注意淋浴間的水力及熱度供應，最常見的問題便是搶水、太冷或是太燙，當隔壁有人使用時，另一間的水流變小；或是準備淋浴時熱水卻未即時輸送，不但浪費水，也讓消費者不悅。如果營業場所的屋齡較高，裝潢時請特別注意水管是否過於老舊，避免產生排水不良或漏水到樓下最後導致需要賠償的問題。有必要時，地面可進行防漏處理。

廁所設備：應要確認是否有足夠的隱密性，但又要讓顧客容易找到。設計時，要考量防滑、抽風排風以及清潔便利等需求，氣味久久不散容易引起客戶抱怨，若在前期就有適當規劃，便能大幅減少後續清潔的困擾。

毛巾回收：顧客離場前，經常不知道使用完的毛巾該置於何處而胡亂置放，若工作人員沒有即時收拾，等下一位客人到達時就會認為環境髒亂。因此設計毛巾回收箱有利環境維護，當然工作人員的後續整理也是相當重要的。

其他設備：規劃時，除了應預留空間給冷熱水池、蒸氣室、烤箱等設施，設置獨立機房以供溫度與水源控制外，還要一併考量整體的服務動線，與設計師討論所選儀器的安全性和如何節電等措施。

請切記，只要跟濕區有關的項目都需要與設計師妥善溝通，以免完工後才發現各種問題。尤其水路設計，若事前沒有估算好整家店的用量，而造成搶水、跳電，或是洗手間的排汙規劃不佳，造成整間店臭味久久不散等問題時才搶救，不但耗時耗力、勞民傷財，有時建築空間的格局也未必能再次進行較大的變更。

• 水療區，要注意機房設備的空間（取自 STEINER LEISURE）

• 開放式休息區，同時亦為顧客等待區

❾休息區

休息區對於很多會館營業現場是非常重要的區塊，有的醫美診所或是 Spa 會館會將顧客等待區與課程後的休息區結合在一起，以利顧客進行療程前後使用，是非常好的緩衝區。有些醫美中心將此區塊與施打點滴的項目合併使用，因此請多注意此區塊不適合吵雜，同時應該安排舒適的空間、溫度、燈光的柔和、隱密性等，都是休息區座落位置需要慎重考量的要素。

• 可同時施作美醫點滴療程的休息區
（瑞醫科技美容 SWISSPA 提供）

• 與商品展示結合的休息區（蜜納法式護膚中心提供）

⑩吧台

一般中型以上的營業場所可能會設置吧台，以方便提供消費者療程前後的點心、茶水或是療程前在此準備療程中欲使用的耗材和物品等。但吧台的存在與否與服務細節有關——吧台需要注意水源、冰箱設置、洗手台、冷熱水供應、加熱設備、電源處理、燈光等，可依實際服務設計需要的設備和收納櫃，注意部分設備操作時可能會產生的吵雜聲音，所以設置的位置至關重要，避免噪音傳到 VIP 室影響了療程中顧客的安寧。

⑪儲藏室

一個營業場所需要足夠的儲藏空間，不要以為儲藏室是多餘的空間就不重視，尤其是商品和儀器設備要分成不同的空間存放。商品存放區要注意空調設備，以免產品因為溫度變化而變質損壞。儀器設備最好一開始就規劃可以待置的地方，以免日後因為沒有地方存放，四散於房間或是營業大廳，不僅顯得雜亂，也容易讓顧客有不佳的感受及造成服務流程不順暢。

• 會館內的吧台
（瑞醫科技美容 SWISSPA 提供）

⑫ 員工休息區

員工休息室通常是業者較不重視的區塊，尤其在寸土寸金的地段，業者常有「若是設立了員工休息室，就減少了營利空間」的想法。千萬別這麼思考！員工休息室的設立是為了讓員工感到安心，員工感到安心，服務現場也較能減少混亂，同時能有效增加工作效率，因此這個區塊以安置在容易安排人力調度的位置為佳。不要設立在營業場所的最尾端，除非場所面積不大，否則容易在需要人員支援時無法立即前往。

休息室內需要有員工的儲物櫃、處理食物的加熱處理器、冰箱、洗手台及桌椅，以便在工作忙碌之餘，方便員工用膳或處理場內雜亂的事務。另外，空調設備最好與中央空調隔離開來，或是保留房子原有的窗戶，以利空氣流通，避免食物的氣味殘留在室內而影響營業場所的空氣品質。

• 營業場所的商品存放區
（拓 Quo Rejuvenate SPA 提供）

• 員工休息室的設立能讓員工感到安心
（拓 Quo Rejuvenate SPA 提供）

CHAPTER

5 營銷策略

美容健康復癒產業與其他服務行業一樣，多是靠推薦、口碑來增加新顧客，此作法可以較快建立顧客對企業的忠誠度。雖然廣告可以幫助獲得新客戶，但是由於這類型的顧客是陌生顧客，需要較長遠的時間來跟顧客保持良好互動關係。

營運項目分析

創造營銷策略的第一步，是確定市場需要什麼，這將有助於建立一個具競爭力的品牌，並創造合理的利潤和價格。例如，競爭對手提供的是基本應有的服務項目，如保養、美甲以及按摩服務，但市場日漸發展出對全身敷體、美睫、瘦身等需求，如果我們在開業前就提早知悉此趨勢，那麼就能找出自身的市場區隔。如果無法提供比競爭對手更好或不同的服務項目，那麼就需要在商品選用、環境營造與課程技術等方面上來贏得消費者喜愛，否則就容易演變為和對手進行削價競爭的惡性循環。所以第一步就應該先分析潛在客戶群的需求以及正在尋求的服務，由此設立出核心特色，與競爭對手做出市場區隔，掌握目標顧客，這也適用於美容醫學診所。

一般美容醫學的營業項目是雷射處理、微整注射、電波拉皮與體型雕塑，而整型外科診所的營業項目除了上述之外通常還設有雙眼皮、抽脂、豐胸等整型外科才能處理的服務，這算是此行業的共通項目。

近幾年有診所在既有服務項目中，加入更多專業診療以增強市場獨特性，好讓自己不被同業取代。舉例來說，有個美醫集團原本就設有微整型與整型外科的服務項目，但隨著市場競爭，他們注意到消費者對牙齒美觀的注重，因此加入牙醫師團隊，新增了植牙、整牙與牙齒美白等營業項目，並增加美容養護及塑身護理的空間與服務；或是有些傳統中醫也與美容業者攜手，提供美容護膚、減重、抗老養生等服務。

不斷隨著市場變化滿足消費者的需求，可以刺激原有顧客產生再消費的意願，並增加其與診所的黏著度，還可以藉此吸引更多愛美人士投入消費，自然在消費者心中就樹立了領先與不可取代的地位。

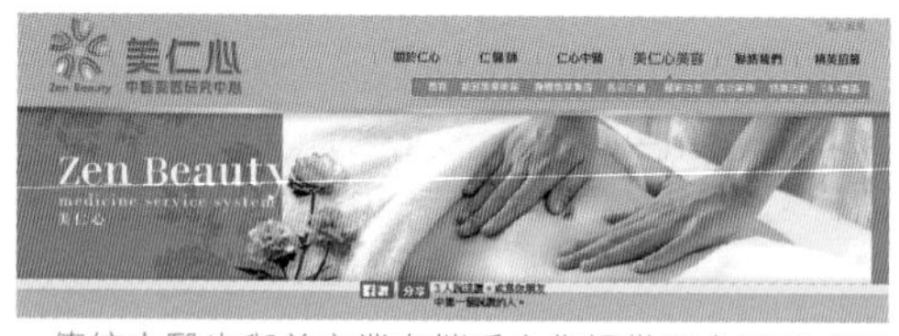

• 傳統中醫也與美容業者攜手合作提供更多服務（取自仁心聯合醫療體系全球資訊網）

所以，分析市場需求不只是開業之初的工作，經年累月下來一定要時時洞察市場變化，做適度的調整。市場也不要只設定在自己所在的國家，應同步觀察國際的趨勢與鄰近國家的經營模組。另外，除了關注自己行業的訊息外，也請關注相關健康產業訊息，如此能有效促進自己店面與人員的成長，進而使您的服務與績效維持在最良好的狀態。

訂價策略

利潤是企業生存的根本，根據潛在客戶的分析，來設置價格、定位品牌。低價策略容易吸引消費者，但可能會導致品牌生存困難、形象被破壞；高價格可以創立質感，但若比競爭對手的價錢要高出許多，除非您的特色療程和整體服務足夠優良到讓消費者買單，否則也可能會使我們失去競爭力。

設定價格時，除了人力和使用產品的成本，不要忘記價格的訂定要將「非服務費用」評估進去，如房租、水電、電話費等成本因素，再加入市場需求、競爭者狀況、消費者對商品的需求認知與品牌形象等因素，最後搭配不同的行銷策略來吸引客戶，方能應對市場變化。

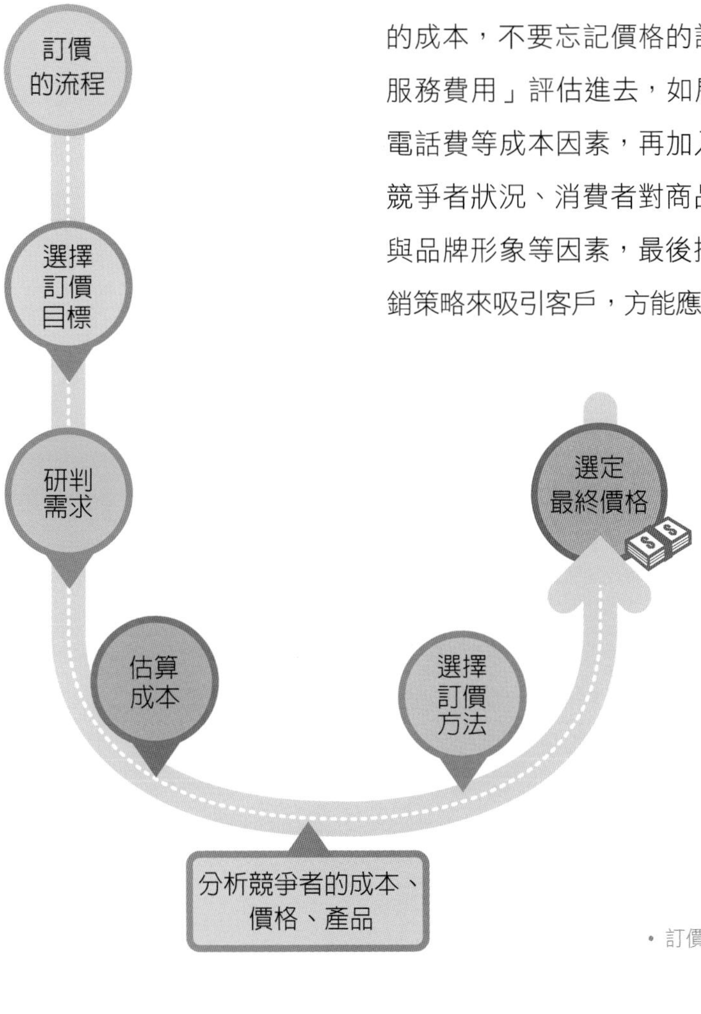

訂價的流程
選擇訂價目標
研判需求
估算成本
分析競爭者的成本、價格、產品
選擇訂價方法
選定最終價格

• 訂價的流程

以下根據《國際行銷學》(張國雄，2012)的訂價策略模式，說明在美容健康復癒產業中的各種訂價方法：

吸脂訂價(skimming pricing)

進入某一特定的市場時，將品質特殊或具有獨特性的產品訂為高價，短期內賺取最高利潤。例如品質較高、等級較好的國際級商品或課程，在產品剛進入市場的初期時，先訂定高價，等進入成熟期後，再開始調整價格。高價定位雖然能夠塑造品質保證的形象，但較適合尚未加入太多競爭對手的第一個產品生命週期階段(導入期)。

舉例來說，美容醫學產業在剛推出雷射服務時，一次要價上千元，由於當時美容醫學診所不多，更別說懂得操作雷射儀器且技術高超的醫生在市場的占有率也很低，因此價格可以收得比較高，但現在雷射美容的行為已經普及，機種多樣，雷射美容服務進入了成熟期，市場價格也就不似從前。

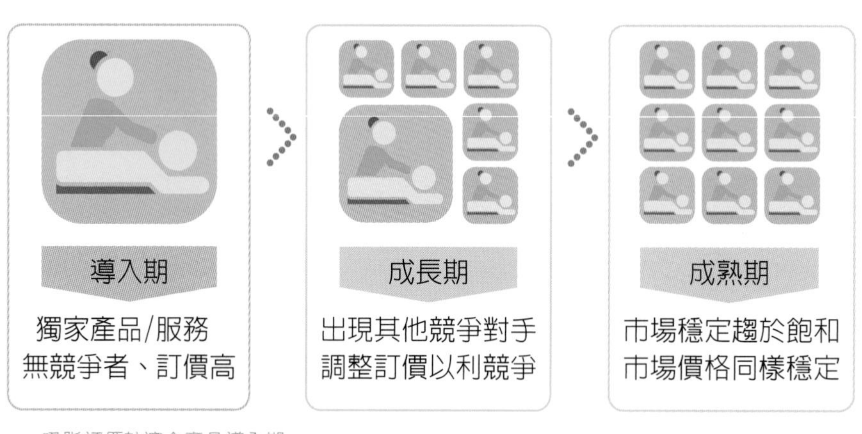

• 吸脂訂價較適合產品導入期

產品生命週期

產品生命週期（product life cycle），簡稱 PLC，是產品的市場壽命，即一種新產品從開始進入市場到被市場淘汰的整個過程。典型的產品生命週期可分為以下四階段：

滲透性訂價（penetration pricing）

滲透性訂價是以低價方式，快速且深入進到市場提高占有率。例如，假設經絡按摩護理在市場上一般是以訂價5折販售，但因為市場需求量大且接受度高，連鎖經營的店，為了達到開發、滲透市場的目的，而全面將經絡護理以最低價格的方式售出。但是要注意，必須確認有足夠的市場需求，而且在消費者沒有品牌偏好下才較適合採用此種策略。滲透性價格並不意味著絕對的便宜，而是相對價值比較低，是一種薄利多銷的概念。若需求不夠，銷售額不足以獲得充分利潤，表面上看似熱賣實際上卻有可能是虧損的。

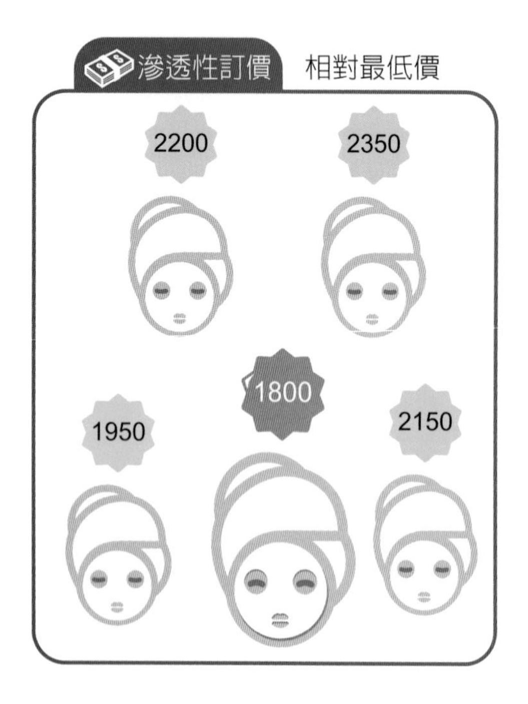

互補品訂價（captive-product pricing）

降低主商品的售價，而搭配的副產品或互補性商品的價格不變或是提高，如此可創造較高的販售利潤。舉例來說，互補性產品如芳香精油、精華液，必須與主要產品散香器、導入儀等一起使用才能發揮商品效益，因此你可以把導入儀、散香器等主產品的定價調低，吸引消費者購買，但互補性的商品如芳香精油、精華液等則調高價格以創造較佳的利潤。

此種訂價策略的特點是主產品與配套產品有互補關係，通常是將價值大、使用壽命長、購買頻率小的主產品價格訂得低些；而與之搭配使用的價值小、使用壽命短、購買頻率高的次產品價格訂得高些。因為這些產品必須成套使用，即使副產品的價格高一些，對消費者來說也有買的必要性。若產品屬於服務方面，可以先收取定額費用，再就服務的數量或內容收取加值費用。比如購買了臉部療程的套券，若想要改做價位較高的身體療程，即可以用加價的方式取得服務。

若採取此種訂價策略，要注意，互補品的利潤回饋較晚，前期獲得的利潤可能較低，需要較長時間的經營。

互補品訂價　　降低主產品價格，提高互補性產品定價

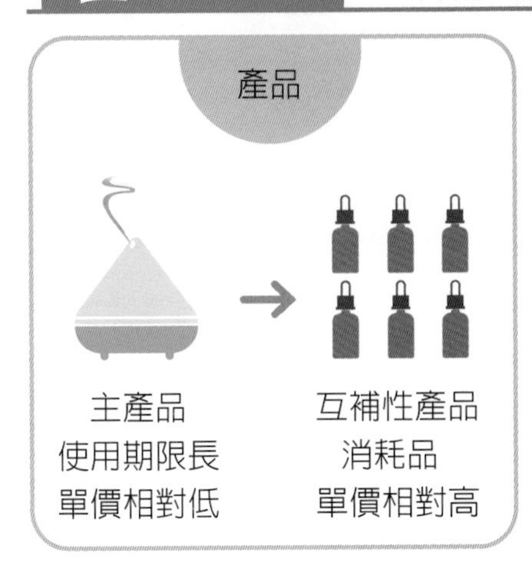

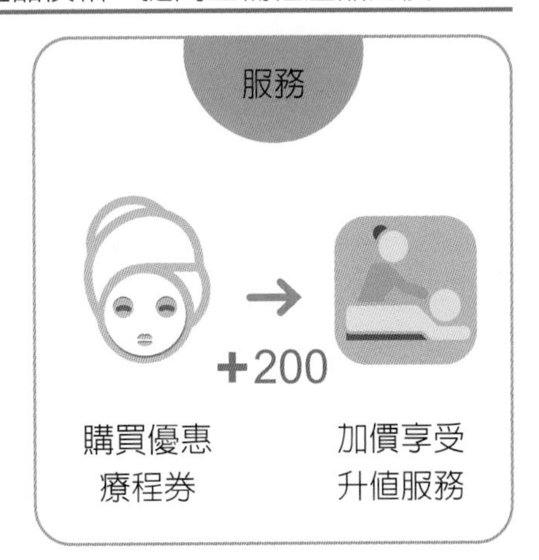

掠奪性訂價（predatory pricing）

是指一個廠商將產品／服務價格訂的太接近或低於成本，目的是以超低價吸引消費者，即便會造成短期利益損失，但是可以排擠、驅趕競爭對手，最後形成獨占市場，獲取超額報酬。若選擇此訂價方式，訂價的尺度要拿捏恰當，以免得不償失。通常採用此種方式的公司，在市場上具有一定程度支配市場的地位，且財力雄厚，有能力承擔因故意壓低價格所造成的利潤損失，一般中小企業建議不要長期或大量的使用此種方式，以免無力承擔難以挽回的損失。

掠奪性訂價　　接近或低於成本的極低價

販售價	1500	1750	599	1350	1000
成本價	700	800	600	650	600

犧牲打訂價（loss leader pricing）

業主會設定一樣商品為「犧牲品」，將其價格訂得很低，甚至低於成本，透過低價的犧牲品吸引來客，帶動其他產品的銷售，更可能引導消費者轉而購買其他較高價的產品。例如有些店家透過電視購物行銷，犧牲利潤以最低價格吸引人潮進入店面體驗，同時在現場提供較高金額的限量體驗組合，使原來販售的犧牲品變成對消費者不利的誘餌，進而促使消費者轉買（bait and switch）其他商品或療程。

• 犧牲打訂價，如團購網的限量超低價體驗券（取自 http://www.gomaji.com）

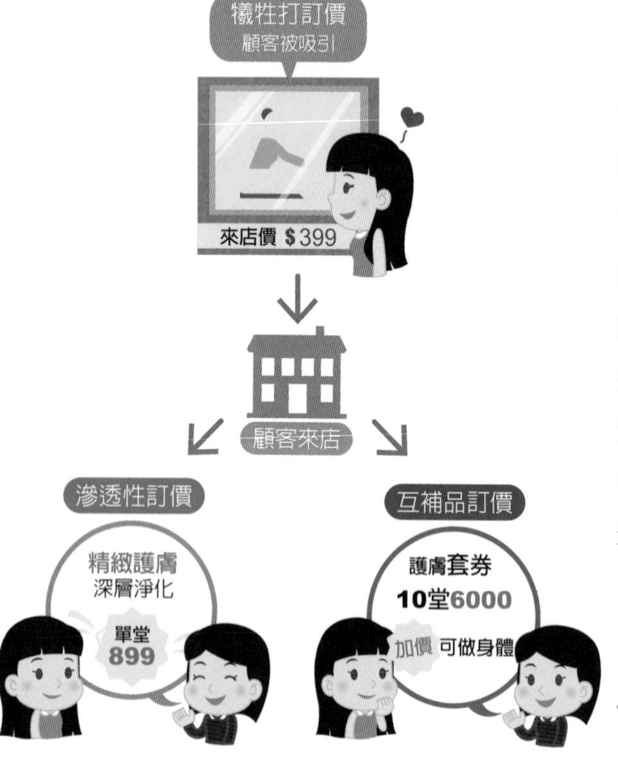

以上這些訂價模式可以單一進行，也可以是多重的策略，舉例來說，我們在網路上採用犧牲打的方式銷售超低價體驗券，吸引消費者來店體驗，當顧客進入店面體驗後，再依照顧客身體狀況給予適當的建議配套，此時我們就可以採用互補品訂價的策略組合模式來優惠消費者，或是推薦滲透性訂價的配套。當然您可以依時段、通路及欲吸引的客群等，採用不同的方式同時或交叉運用。

• 不同的訂價策略可以同時或交叉使用，為業績創造最大的營收

廣告行銷

美容健康復癒產業經過疫情世代後受到很大的衝擊，Statista 也表示，若沒有良好的營銷策略，或是沒有定期曝光您的營運訊息，您可能會消失在市場中。有效推廣美容健康復癒產業的方式，就是先完成市場行銷計劃及策略的執行。找對市場、用對行銷手法非常重要，它能傳遞品牌的訊息並刺激消費者產生購買欲望，有效輔助品牌吸引顧客，增加營業額並且擴展知名度。

業者應根據營業規模編列廣告預算，並根據不同的地理位置、商圈評估來決定廣告行銷的模式，擬定營運推廣計劃，搭配廣告 DM、雜誌、廣播、戶外媒介、異業結盟與網路行銷等方式，做出最大的廣告效益。除了將店面資訊、理念靠文宣品傳送給消費者外，清楚表示服務的項目及價格也是很重要的。以下我們將討論有哪些營銷模式，並針對各種行銷媒體的特質加以說明：

報章雜誌平面廣告

現今報紙的發行量相比過去漸漸減少，但雜誌類型的廣告還是有一定的效益，因為其靈活性與專業性強，可以利用文章或置入性行銷方式將品牌精神與形象推廣出去，與其他大型媒體相比成本較低。在香港，報刊、雜誌廣告（印刷媒體廣告）也被稱之為「沒有時間的黃金時間廣告」。

• 報紙廣告

報紙或雜誌的廣告類型是將品牌內容精心策劃後再讓讀者閱讀的廣告，能使讀者思考，此時就有機會清楚且有效地傳達廣告的訊息，特別是區域性的報紙，能鎖定的族群更直接明確。

雜誌的選擇性越來越多，目標族群越來越分眾化，選擇一本對的雜誌才能為企業帶來精準的客戶群，為品牌創造可預期的廣告效益。要注意刊登話題的創新度與整體規劃，雜誌印刷較精美，較能呈現專業性並提升品牌形象，因此需有較高品質的廣告規劃。

• 雜誌廣告

網路行銷

現代是數位時代，應多加利用數位廣告提高與消費者的互動性。數位媒體傳播性強，可以幫助消費者快速、清楚的了解產品特質與服務內容。網路資訊多如牛毛，吸引力不足的資訊瞬間便會被消費者忽略，所以數位雜誌廣告應注意內容編輯，必須抓住讀者的注意力，利用網路的傳播力來達到最佳廣告效益。現今平板電腦與手機的便利是展現數位雜誌效益的最佳媒介，以下為大家介紹現今最夯的營銷策略。

網路的發展潛力大，效益驚人，可利用多元的網路行銷模式來增加目標族群的搜尋與能見度，比如關鍵字、SEO 官網優化、Facebook 粉絲團、部落客、新聞平台、YouTube 影音分享、Google map 或 Line 生活圈、微信公眾號等社群媒體以及大型入口網站，將品牌推廣出去。

1 鎖定目標顧客

為自己的公司進行定向廣告，設定符合公司經營方向的 TA（目標受眾），我們可以透過大平台的工具，尋找適合的目標受眾，利如臉書 Facebook 動態廣告、Google Ads 或是 YouTube 廣告等，平台輕鬆連結潛在顧客，提高品牌曝光率，透過關鍵設定針對消費者實際需求，為品牌媒合或吸引更多受眾，以達到行銷與再行銷的目的。

• Facebook 網路社群（SPAATM 芳香學苑提供）

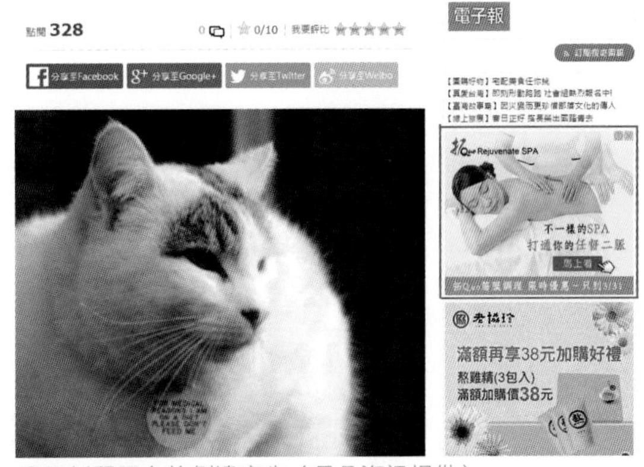

• 電子新聞平台的側邊廣告（易品資訊提供）

• Google Map 與關鍵字搜尋（拓 Quo Rejuvenate Spa 提供）

相信您也有過這樣的經驗：曾經搜尋過的商品或拜訪過的商店，在其他地方也會看到這些相關訊息，這就是著重針對目標客群進行再行銷的方式。傳統的廣告模式無法確認有哪些人曾經看過您的廣告，但是透過這些數位平台的工具，可以很聰明的使您的品牌通過媒合達到行銷，並提醒曾經光顧的顧客持續關注，同時也可以根據探訪者的探訪行為進行大數據分析，例如探訪哪個主題的人口較多、探訪時間、停留的時間、性別、年齡、受眾的所在地區等相關資訊，這樣我們就可以規劃符合市場需求的服務內容，進而針對目標客群給予適當的行銷活動和訊息，以達到類似客製化的行銷方式，增加品牌的營業績效。

❷ 設立官方網站

網站設立相當重要，若有官方經營的網站或社群平台，就能使網站舊客戶和潛在客戶在網路上搜尋相關訊息時，找到我們的品牌。

網站設立最重要的關鍵是虛擬的服務，它是 24 小時的，可以發佈任何有關營銷的相關訊息，如營業時間、行車路線、促銷活動、營運精神、產品、服務內容、營業據點、品質認證等，同時可以設立具即時性、成本低的電子報，電子報可以輔助公司進行推廣，並增加與顧客間的聯繫度和銷售。

無論您的規模是中大型會館還是小型工作室，都建議您設立自己的官方網站或是粉絲專頁，擁有自己的主場才能讓顧客知道在哪裡找到你，如果只是放在社群平台，不容易被消費者辨識您的服務差異，同時也不容易被搜尋，而擁有自己的官方網站對於累積流量來說非常重要，同時也比較容易被顧客辨識出您的經營風格與服務項目。

官方網站風格最好能展現出與店面風格一致的質感，建立網站前要先申請網址，可以透過網域名稱服務廠商如中華電信 Hinet、PChome 等，設定一個容易辨識與記得的網址，然後再請專業公司做網站的設計與上架，或是可以利用 Blogger、Word press、Wix 等服務，不用花大錢就可以自行輕鬆架設的專屬網站，對於沒有任何設計經驗的人來說操作方便，可以非常輕鬆且簡單就建立出非常適合自己的平台。

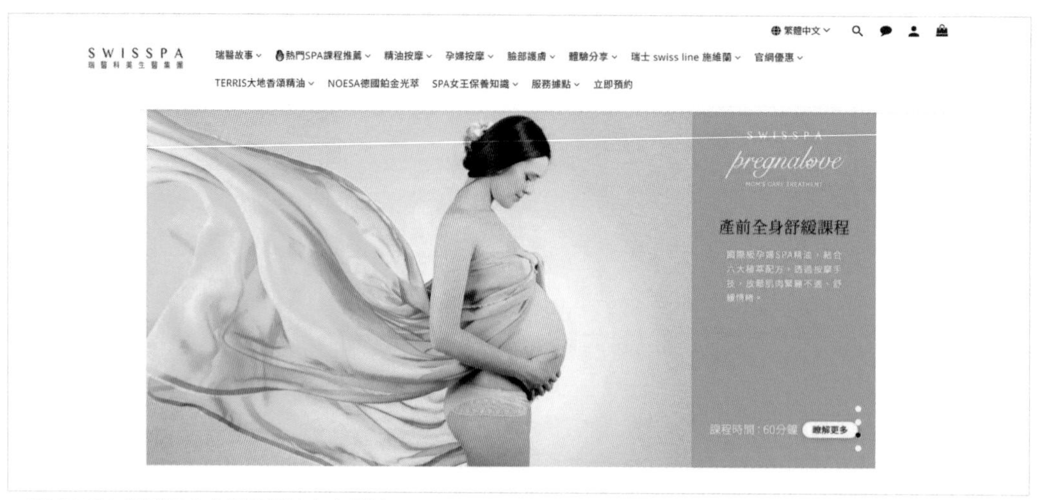

• SWISSPA 瑞醫科美生醫集團的官方網站。

❸ 便利搜尋位置

在網路世代，消費者要前往您的所在地，通常都會在 Google 上進行搜尋，或是有些人臨時有空想找附近的 SPA 或醫美等營業場所時，他們也會在 Google 搜尋附近的商店。如果您想要讓你的店家出現在 Google 地圖上，可以在 Google 商家檔案（https://www.google.com/business）中註冊您的商家訊息，這是免費的而且申請非常簡便。

❹ 輕鬆預約管理

預約是一門學問，顧客通常是以打電話的方式確認自己可以前往的時間，但有時候接洽人員與顧客對話時態度不佳，旁邊電話一直響，準備送客時就會失去溝通的耐心，無法全神貫注的與顧客對話，容易以句號的對話方式草草結束通話，這會讓顧客失去美好的體驗，而我們可能會失去與顧客會面的機會。

針對這個困擾，我們可以選擇一些便利的應用程式，像是 APPOINTFIX 或是 SimplyBook.me 等免費的顧客管理平台，無論您身在何處，顧客可以很輕鬆的選擇想要預約的時間，也可以在課程開始前自動幫您向顧客發送提醒短訊。這個預約軟體可以與您的手機、官網、臉書或 IG 進行連結，讓顧客可以隨時隨地與您進行預約，而此平台也可以為您記錄顧客的喜好和所有訊息，讓您輕鬆管理顧客資料與廣告行銷。

• Google 商家檔案。

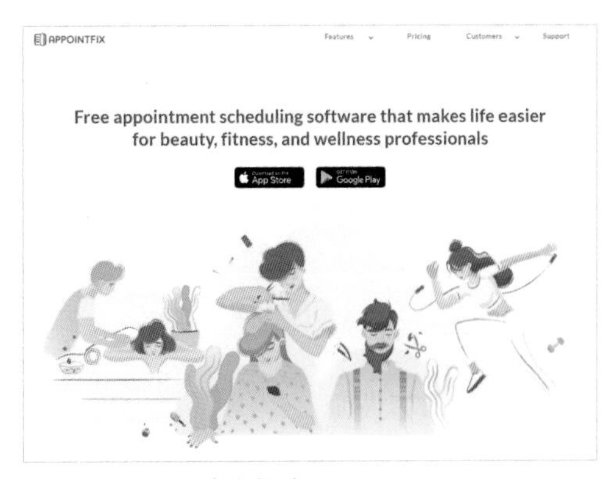

• APPOINTFIX 官方網站。

• 戶外廣告

戶外廣告

當媒體過多，廣告效益快速被稀釋時，戶外媒體有時反而會創造出意想不到的效果。戶外廣告可以長期保留、創造注目性且靈活多樣化，當它放在消費者必經之路時，可以反覆刺激消費者，在消費者腦海中留下印象，進而引發消費的興趣。

宣傳 DM

DM 通常會以信函、夾報或是路邊派報的方式傳遞，一般消費者收到 DM 時，有可能不會閱讀，或者是閱讀後馬上丟棄，所以為避免資源浪費，這種模式在產業中已經鮮少使用。現在大多是製作出精美 DM 後，運用於營業現場，作為輔助銷售說明的工具，讓消費者更清楚瞭解服務的特色或商品的益處。

• 拓 Quo Rejuvenate Spa 的開幕宣傳 DM

電視廣播媒體

廣播廣告依附於廣播媒體的平台，較不受地點限制，傳播範圍廣，可以根據地區性顧客與廣播電台的分類做宣傳，但因為缺乏視覺性，因此生動性較差，相對的宣傳效益較低。

電視的宣傳效力與感染力強，即時性高，若你傳遞的訊息觸動了消費者，使消費者產生濃厚的興趣，其顧客買單率就會大大提升；同時因為不斷的接受訊息，在消費者心目中已訂下你的品牌定位及知名度。

除了廣告外，電視媒體則有冠名贊助、新聞置入、綜藝節目議題置入等方式，但費用都非常高昂，因此有很多業者轉向電視購物的傳播模式，將商品或療程用薄利多銷的滲透性定價進行銷售，以達到產品推廣或吸收新顧客到店的行銷效益。有些業者既想節省經費，又想達到媒體傳播的效益時，會自行拍攝宣傳影片，放在 YouTube、Podcast 等影音平台，設立品牌自媒體，透過影音傳遞品牌內容，讓顧客可以隨時隨地輕鬆的吸收與美麗和健康相關的資訊，同時建立與顧客的緊密關係。

• 電視節目冠名：民視 愛妮雅 舞力全開

異業結盟

連結不同產業進行異業間的策略聯盟，能夠為店家帶來互相集客的成效；雙方透過資源互相交換進行合作，可以創造商業機會，增加消費者附加價值，同時可以為彼此創造營業效益和廣告效益。舉例來說，美容復癒產業業者可以跟周遭美髮業或是服飾業進行結盟，或是效仿許多信用卡公司跟餐廳、飯店或珠寶店等店家互相合作，促進消費者到店刷卡付費，如此的互惠行為可以達到雙贏的效益。

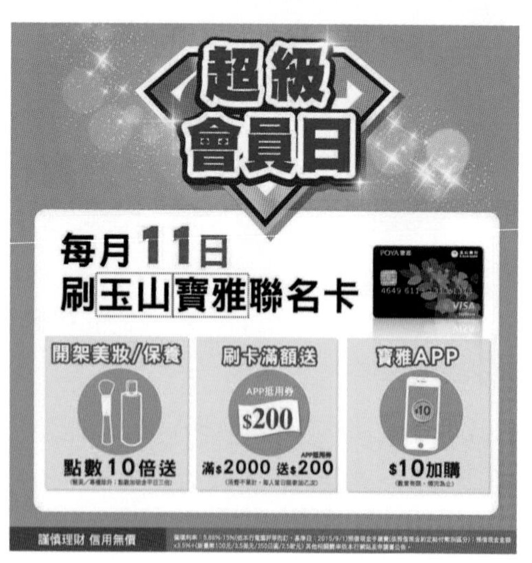

• 異業結盟：屈臣氏與中國信託銀行、寶雅與玉山銀行

店頭行銷

店頭行銷有各種模式：會員制、活動策劃、折價優惠、商品促銷等，以下逐一介紹。

❶ 會員制

這在美容健康復癒產業已經是非常普遍的銷售模式，一般的作法是購買療程或商品後即成為會員，有些俱樂部、會館，採取先收入會費（部份金額可折抵消費），一旦成為會員身份後，購買商品或療程即享有折扣優惠，或在特殊節慶時享有特殊回饋。

長久以來會員制的銷售模式，是企業用來維繫與顧客黏著度的方式之一，它可以為企業累積基本忠實的顧客，因為顧客為了消耗已購買的療程，會固定到店光顧。一旦顧客認同企業的服務與精神後，更容易與企業建立長遠的互動關係，還會自發介紹新會員加入。

會員制的價錢普遍比一般消費者的價格要來得優惠，這對於新顧客來說是極佳的誘因，具有促進銷量的優勢，同時也幫助企業減少顧客流失；大部份的會員卡是不限本人使用的，如此更能促成顧客購買的意願，並為企業帶來新的顧客。

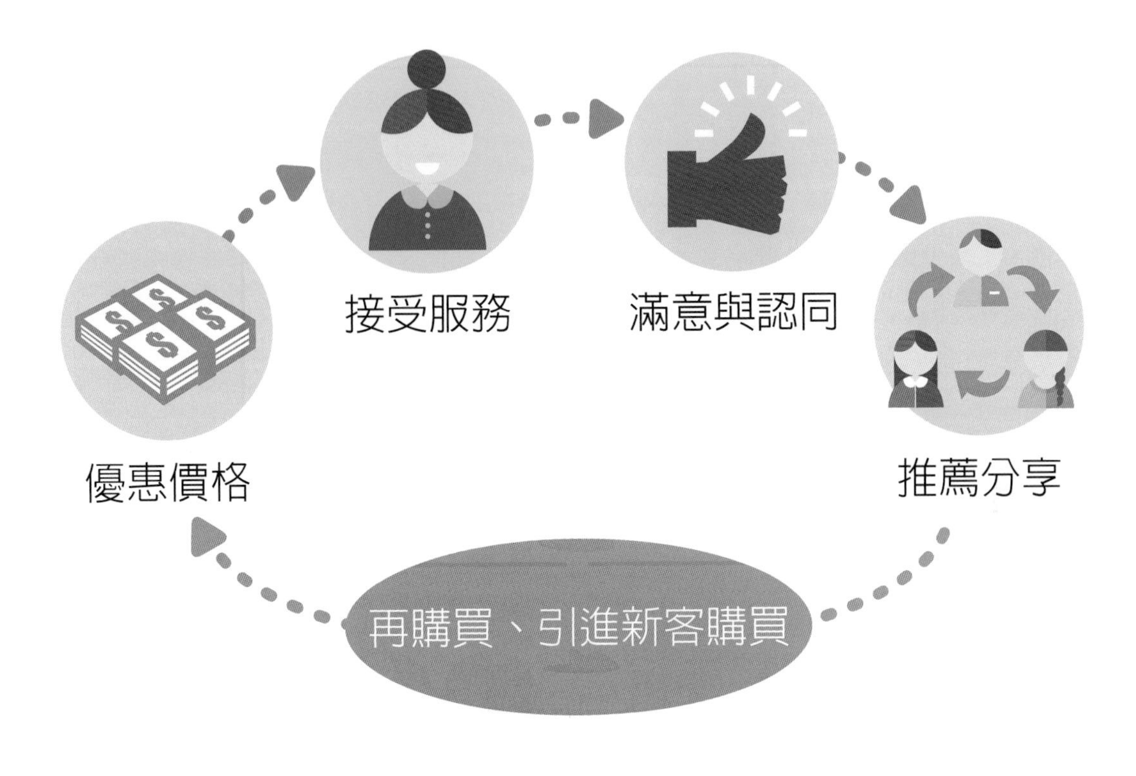

• 會員制的理想優勢

海爾集團總裁張瑞敏曾經說過：「現代企業競爭的本質是客戶忠誠度的競爭，誰能贏得顧客忠誠度，誰就能在未來的市場競爭中贏得獲勝。」與顧客建立深厚的關係，才能贏得顧客長遠的支持，所以發展企業需要加入顧客忠誠度計劃，並規劃推薦獎金、贈品、生日會等各種活動，創造每一次與顧客接觸的機會。

在會員服務上，可安排專屬服務人員，定期或不定期的（至少每個月或每季）採用不同方式與顧客接觸，創立每一個令人感動的小細節，是建立與顧客的緊密關係和贏得顧客忠誠度的機會。有很多業者在市場上屹立不搖，不只是以技術或是很棒的營運理念來取得顧客的心，而是從每一個小細節建立與顧客的互動機會，例如：

生日活動

您可以利用數位顧客管理方式，整理出每個月的生日會員，在生日的當月為他們安排一系列活動，例如：生日兌換禮、生日優惠券、免費產品或療程、生日蛋糕、貼心簡訊或是為壽星們安排壽星健康日等活動，把顧客視為您正在追求的另一半，讓顧客愛上您的貼心與用心。

推薦好友計劃

營業最困難的是找到目標顧客，而推薦可以為您帶來更多喜愛健康與 SPA 的同好，當我們的服務內容與服務方式被您的顧客認同時，我們就會獲得顧客願意推薦給家人和朋友。有時我們可以透過一些獎勵或感謝，來激勵顧客更多的推薦，例如新舊顧客都可以享有折扣、禮品或免費服務與保養商品等方式以表示感謝。

• 會員生日優惠券的文宣（取自克莉斯汀集團網站）

• 熟客與新客的優惠活動（取自群悅美研網站）

• 許多業者都會推出壽星相關優惠來吸引消費（取自詩琳美容網站）

VIP 儲值禮物卡

有時候公司或個人想要贈送禮物給朋友或是員工，他們會選擇使人健康或美麗的服務，所以您可以設定面額1000、3000或8000等不同面額的會員卡，這不但可以為您增加新的會員，也可以讓收到儲值會員卡的會員感到一種專屬感，另外他還可以選擇自己喜歡的服務或商品。這對於贈送禮物的人來說，可以讓他的朋友獲得健康與美麗外，還有一批專業人員幫他好好款待他的朋友，這種專屬的尊榮禮物，會讓收到禮物的人倍感溫馨與超值。

• 美體課程的禮物卡（取自施舒雅美容世界 FB 專頁）

簡訊與 Email

電話問候、簡訊和 Email 等方式雖然已經不被廣泛使用。但是讓顧客感受到企業的照顧與關懷是有必要的，一旦顧客知道企業給予的服務價值遠超過其他同業所提供的，自然就會跟企業產生良好的連結。但是我不建議大家用廣發的模式，這不但不會促使消費者點閱，甚至會讓消費者視為垃圾信件。我們應該根據顧客的喜好來發送，請注意消費者喜歡有內容的訊息，因此行銷人員應該著重內容是行銷方式，與顧客保持緊密關係。

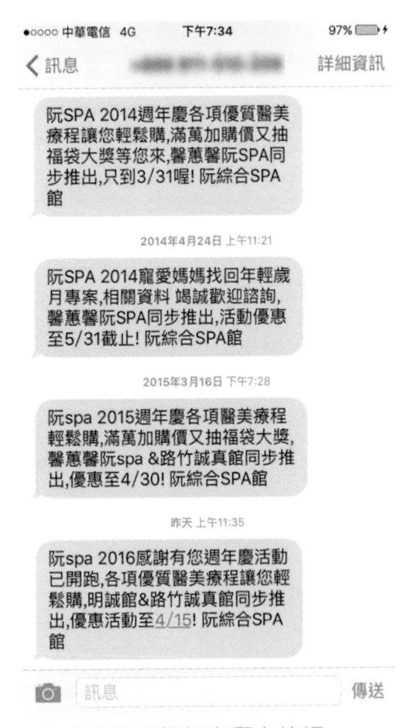

• 不定期發送簡訊與顧客接觸

❷ 活動策劃

店頭活動是很重要的營銷手法之一，也是與消費者維繫關係的良好途徑，各種不同的活動能夠聚集人氣、吸引消費者吸收新的資訊，同時也能為店頭帶來良好的經濟效益。一般營業推廣的活動類型可分為節慶類、演出類型、娛樂類、溫馨會員專屬活動、當季促銷活動、新品上市等形式來增加顧客參與度。

當顧客來店內參與活動時，業者可以設立拍照相關物品或是自拍站，讓顧客能拍照分享自己的生活點滴。如果可以得到顧客們的允許，讓您分享他們在社群的照片，成為您的品牌大使，這樣您的分享會呈現出愉快的真實畫面，這種互動頗具感染力，同時顧客也很願意與好友分享，有效發展您的社交媒體通路，通過口碑、評論、照片等方式來推廣您的服務，進而達到廣告效益。

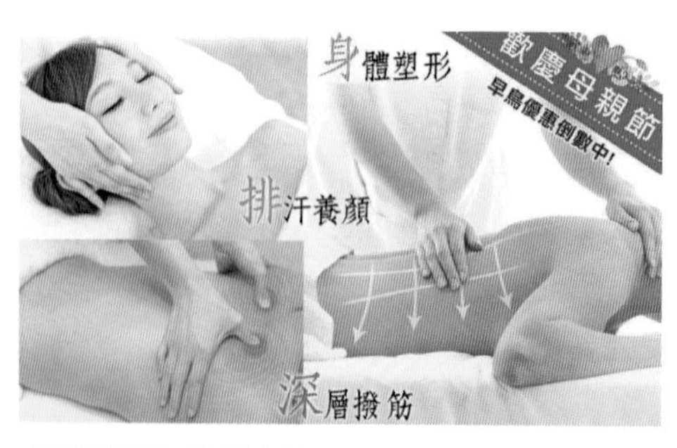

• 節慶類活動：母親節（拓 Quo Rejuvenate Spa 提供）

❸ 折價優惠

這是最常見的促銷手法，直接將費用降低或給予折扣，形式一般分為限時折扣、現金抵用券、特價專區、批量優惠以及滿額折返現金抵用券等方式。

這樣的方法可以為公司帶來不錯的金流，但如果長年累月進行此類的優惠活動，消費者最後會因為疲乏而降低購買欲望，甚至會產生厭惡進而喪失對產品的信任，因此店家要拿捏得宜才行。

• 美體課程限時優惠（取自美賣 meimaii 網站）

• 現金抵用券（拓 Quo Rejuvenate Spa 提供）

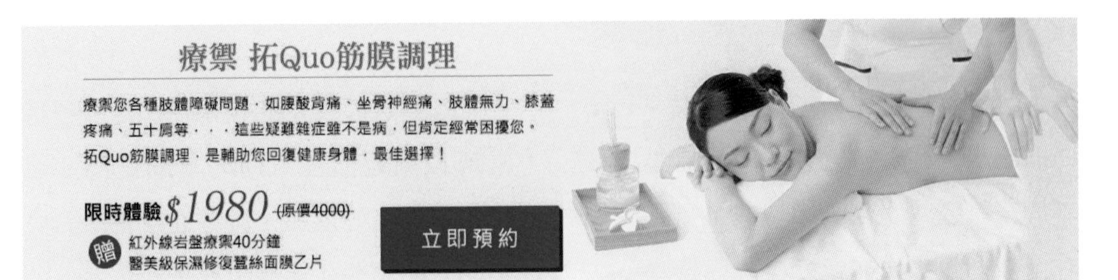

• 贈品促銷：體驗療程贈送其他課程與商品（拓 Quo Rejuvenate Spa 提供）

❹ 贈品促銷

贈品促銷具體的形式有免費樣品贈送、免費禮品贈送以及買療程贈送商品或滿商品附送相同或類似商品的形式，來協助企業達到增加績效或推廣的效益。這樣的促銷方式可以吸引顧客對商品或是店家產生興趣，輔助新的商品或服務迅速推廣至市場。

展銷活動

這類型是與多家類型相似的店家共同舉辦展銷活動，運用各種相關資源形成一種聲勢與規模，可以在活動中推廣公司，讓消費者有更多的選擇機會，例如國際美容化妝品展就是其中一種最典型的展現。

除了促銷、推廣自家產品與服務之外，大型展銷活動的現場也可以了解同業經營模式，掌握市場潮流，以及與業界龍頭共同探討未來引領業界的潮流、產品和服務。Cosmo talks 即是近年來興起的活動，活動會舉辦一系列研討會及圓桌會議，邀請行業領袖及專家學者主講，探討美容產業時下熱門的議題。

• 第 30 屆國際美容化妝品展（取自 https://expo.udn.com/SSBEAUTY/）

公共關係運用

「公共關係」一詞源自英文 Public Relations，由於每個人看待事情的觀點不同，對公共關係的理解也各有差異，在此我們以「透過傳播媒體與活動，增加產品或服務在一般大眾間的知名度與形象」的角度來說明。而良好的公共關係，可以透過新聞媒體和公益活動等方式建立。

新聞媒體製作的報導在民眾眼裡通常可以引起關注，進而幫助提高知名度，樹立良好形象。報導通常會結合時下熱門的話題、節慶，或是利用名人效應引領輿論等方式來增加曝光機會與關注。請注意這類形式的報導，要有豐富的內容，不要在文內強力促銷，以免造成反效果。

• 新聞置入要有吸引人的標題與內容（取自中時電子報）

• 許多企業選擇與協會合辦路跑或競賽，將報名費捐出作為公益使用

公益活動是藉由出人、出物或是出錢等方式，支持某些需要幫助的單位，或是藉由擴大某些事件的影響力，提高公司曝光與聲譽。通常贊助的領域有體育活動、文化活動、教育機構、慶典以及特殊事件等。有時也會找某些具有公信力與影響力的政治人物，或是明星來輔助加強推廣效益。

在市場上有這麼多種類型的行銷手法，現在的消費者其實很容易分辨出您是否為有實力的店家，不要用虛華不實的方式吸引顧客，這反而會喪失顧客的信任，只需要讓消費者認定您是專家，自然容易被吸引上門，並促使他們為您帶來更多顧客。

• 瑞醫科技美容集團結合姊妹里圓夢計劃公益活動

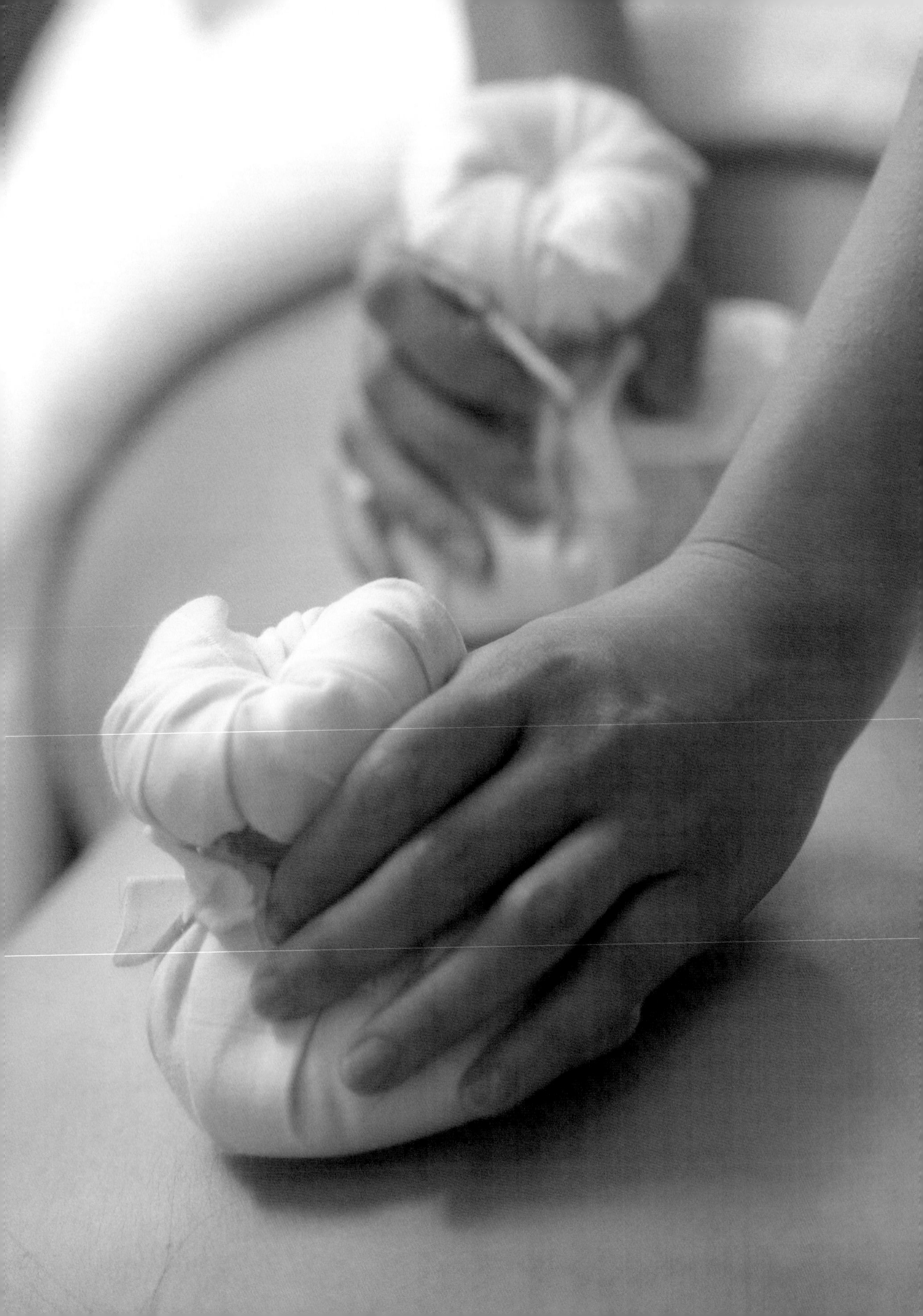

CHAPTER 6

標準作業流程的設定

籌備階段除了裝潢與廣告行銷外，最重要的就是未來要進入正式營運階段的相關管理辦法與標準作業。正確完善的制定相關準則，有助於正式營運後有效提升工作效率；讓所有流程盡可能的達到標準化，能讓消費者感受到一致的服務品質，即使企業內部出現人事異動，也不會影響整體服務的進行。本章將針對營業現場相關的管理作業加以說明。

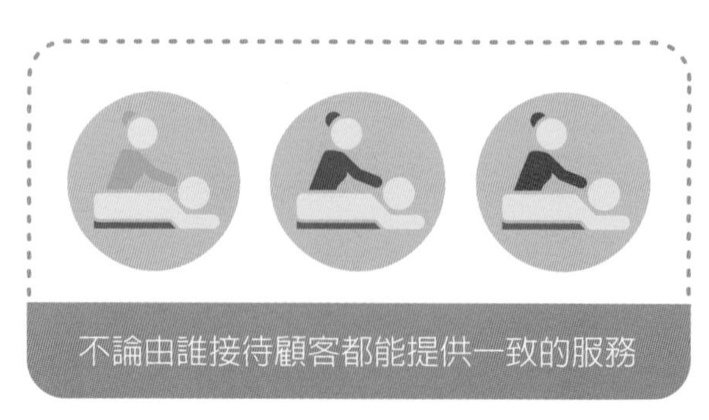

• SOP 的制定，不論由誰接待顧客都能提供一致的服務

標準服務流程（Standard Operating Procedure，SOP），是指將經常性或每日重複操作的工作項目作業一致化，每項作業流程都需要清楚的表述，讓所有工作人員都能迅速掌握工作重點。制定標準作業流程可以減少人員在執行過程中產生的成本浪費、人為錯誤、工時過長以及顧客產生抱怨的可能，讓所有的工作人員都很清楚自己的職責，以及公司對他們的工作期望是什麼，藉此提升工作效率與服務品質，創造企業的整體形象，成功為客戶提供高品質的服務標準。

但是應該如何制定標準作業流程呢？首先應確定組織中有哪些程序或流程需要以一致的方式來進行，並確認哪些人最有資格來編寫相關的 SOP。公司可以將各部門重要的人員集結，組成一個制定標準作業流程的團隊，設立並審核相關作業。

標準作業制定後，要設定一個編號系統，以確保控管您的 SOP 相關文件。編號系統應具有足夠的靈活性，對於日後新增或是修訂個別 SOP 時能夠清楚的表述與查詢。比如將身體按摩流程的文件編號為 1，1-1 是背部按摩、1-2 是背部按摩含腿部、1-3 是敷體與去角質等。

組織內所有的 SOP 應按照相同的範本做相關編制處理，範本內容最少應包含標題與程序（包括目的、範圍、總結、定義、人員資格、過程、清單和記錄管理）。除了上面所列訊息外，對於技術或操作程序應再包含療程相關警告、可能產生的問題、設備和所有使用流程（包含產品的使用程序）等，制定相關標準程序才方便人員教育與管理。營業現場相關標準作業繁多，以下以美容服務標準作業制定範例作為說明。

作業規定

項目 美容服務流程管理辦法

目的 美容服務過程與執行作業流程標準建立，確保營業現場服務品質

範圍 受理接受美容服務、療程進行、商品銷售等項目之管理

制定單位 美容事業部

權責 美容人員：接收美容服務需求、專業諮詢、療程建議、確認實際需求
美容人員：預約療程、準備工作
櫃台服務人員：為顧客辦理到場手續、辦理結束服務相關手續
所有人員：為顧客進行商品說明、使用示範或說明、訂購、查詢訂購記錄

作業內容

顧客接待

受理服務需求

預約療程：顧客以電話或當面向相關人員進行預約，將約定療程與操作時間記錄於「顧客預約表」。

療程建議

療程建議：依顧客膚質或體型判斷的結果，為客戶量身規劃適合之療程項目。

確認實際需求：確認客戶實際操作之療程項目，填入「專業諮詢卡」，並為顧客完成需求項目。

結帳

結帳：將顧客今日操作療程或購買療程填寫於「顧客資料卡」，櫃台協助完成結帳手續，並開立相關證明與發票請顧客確認。

進行療程

預約療程

預約療程：顧客以電話或當面向相關人員進行預約，將約定療程與操作時間記錄於「顧客預約表」。

辦理報到手續

辦理報到手續：客戶需先至櫃台辦理入場手續，並填「顧客資料卡」或「美容簽到卡」

準備工作

準備工作：專業服務人員依各項護理作業流程預備相關用品與設備。

療程進行

療程進行：專業服務人員依各項護理標準作業為顧客完成護理，如遇缺失需確認權責，視實際需要處理。

執行後確認

執行後確認：專責人員將療程記錄於「顧客資料卡」上，並請客戶過目後簽名確認。

離場手續

離場手續：顧客辦理結帳作業，以扣點或現金（信用卡） 給付方式結帳，開立單據並記錄於系統或是「顧客購買資料卡」上，以供日後確認查詢消費記錄。

以下為流程標準符號所代表的意義，制定標準流程時除了文字說明最好搭配流程圖，並選擇正確的符號輔助相關說明，較能清楚明白的了解相關流程。

• 表 流程圖相關符號的意義

符號	名稱	意義
⬡	準備作業（Start）	流程圖開始
▭	處理（Process）	處理程序
◇	決策（Decision）	不同方案選擇
▢	終止（End）	流程圖終止
→	路徑（Path）	指示路徑方向
	文件（Document）	輸入或輸出文件
	已定義處理（Predefined Process）	使用某一已定義之處理程序
	連接（Connector）	流程圖向另一流程圖之出口，或從另一地方之入口
	註解（Comment）	表示附註說明之用

當制定完標準作業流程後，就該針對相關服務細節做流程與話術制定，並依此執行與進行相關教育訓練，讓所有工作人員確實了解並落實執行相關標準，各企業應依自身的屬性與需求制定。

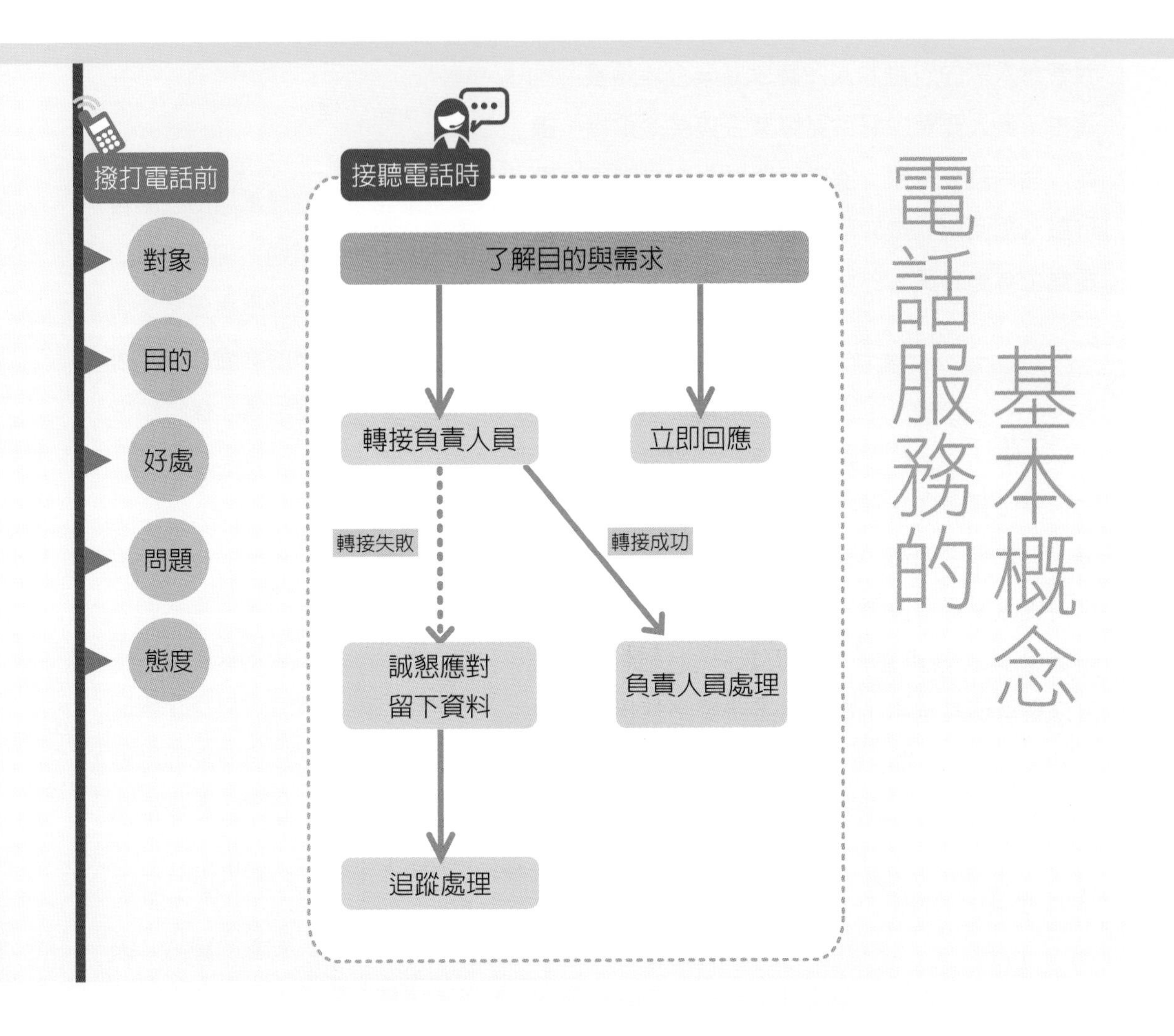

電話服務的基本概念

電話服務流程

電話在營業過程中扮演非常重要的角色，無論是被動的接受顧客來電諮詢，還是主動的撥電話接觸顧客，例如在開發階段運用電話與顧客聯繫，或是療程結束後主動表達關懷，抑或是緊急事件通知，我們不能沒有計劃和準備就拿起電話撥給顧客，這樣往往會造成不可挽回的錯誤。

在電話尚未撥打出去前，我們要先確認撥打這通電話出去的目的是什麼？可能是要提供資訊、關懷顧客、事件溝通、祝福道賀、催繳款項，或是因為要開發新顧客而主動致電，我們應事先將要溝通的重點條列下來，同時想想撥打這通電話能帶來的好處，以及可能會產生的問題。做好準備工作後，再次確定致電對象，保持愉悅的心情，再撥打電話出去。

如果是被動的接受顧客來電，請確認顧客撥打進來的目的，也許這通電話能創造一筆很重要的績效，也許會失去一筆很重要的生意，也可能是顧客想要針對療程諮詢、商品使用上出現疑問、要求協助或是抱怨。請在接聽電話時盡快為顧客轉接負責人員作正確回應，以免因為隨意回應讓顧客感到服務不周，若現場沒有能回應顧客的人員，也應有禮的致歉並留下顧客聯絡方式，合宜的處理能夠讓顧客感受到企業的用心，並能化危機為轉機。

在接聽電話的過程中，工作人員必須要禮貌、友善的應對，因為電話中只聽得到彼此的聲音，看不到表情，電話中我們的應對態度會是留給顧客最重要的第一印象，因此需要特別針對各種來電狀況作相關流程制定，以下對於幾個接電話的流程加以說明：

接聽電話

櫃台人員請隨時準備好應答電話，當接起電話時，聲音和語調務必親切有禮。另外，請注意撥接電話的環境，避免因為吵雜而影響通話品質，也請務必於鈴響三聲內接起電話，即便來電顧客看不見，也必須要面帶微笑，並且馬上讓顧客知道正在跟誰通電話——向顧客問候：「（公司名）您好，我是（你的名字），很高興為您服務。請問有什麼需要服務的地方？」必須讓顧客感受到我們非常重視他的來電。

接聽電話必須要快速聽出顧客的問題或需求，切忌偏離主題，要盡快讓顧客取得他們想要的資訊。在傾聽的過程中，可以一邊在筆記本上寫下要告知的要點，如此我們就可以確保每通電話在溝通過程中不會產生疏漏並達成目的。請不要忘記，如果顧客提出的問題當下無法解決，一定要記錄下來，並且在允諾的時間內盡快回覆，就算顧客的要求沒有在約定期間內找到解決方案或是獲得公司的回應，都要在期限內致電告知相關處理進度，以免因為遲遲沒有回覆造成顧客情緒不滿而引起更嚴重的客訴。

接聽電話時，以中等清晰的講話速度為佳，預約單、紙筆、計算機、諮詢單等相關資料應置於伸手可及範圍，如此才能隨機應變，避免讓顧客於電話中久候。最後不要忘記，在結束電話前盡量與顧客約定下次見面的時間，若顧客已預約，可向顧客表達歡迎在約定好的那天再度光臨。

接電話的關鍵

迅速接聽、愉快平穩的心情、第一聲重要的問候、聲音清晰、認真記錄、做好被拒絕的準備。

轉接其他服務人員

如果需要顧客在電話中等一下，請先告知顧客：「請稍等，將為您轉接。」不要讓電話保留、擱置超過一分鐘，如果來電者被擱置了一分鐘以上，通常會心生不耐，請盡量於保留通話後 15 秒內回應顧客，並詢問顧客是否願意繼續等待或是請顧客留下聯絡方式，稍候再請相關人員盡快回覆。

• 表 電話應對案例

拿起電話接聽時	拓 SPA 您好，我是 xxx，很高興為您服務。
詢問公司名稱或對方的姓名時	很抱歉，請問該如何稱呼您呢？
必須請顧客等待時	很抱歉，麻煩您稍等一下，我馬上為您轉接。
需要請他人說明時	非常抱歉，這件事情我不太清楚，我請專門的人來為您解說好嗎？請您稍等一下，謝謝您。
顧客要找的人在忙碌時	非常抱歉，xx 目前正在服務顧客，等療程結束後我請他立即回電給您，請您留下電話及大名……（在顧客說的時候同時用紙筆記下）
顧客欲查詢資料時	請您稍等一下，我立即為您查詢，可能需要一點時間，謝謝您。
表示歉意時	（誠心的說）很抱歉，關於……，造成您的困擾真的是非常抱歉。

電話諮詢

在電話上不要提供過多或不必要的資訊，可邀請顧客親臨現場，以便了解更多訊息。請務必在結束電話前取得顧客相關資訊，如對方姓名、電話號碼以及欲來現場的時間和日期等。

如果需要在電話中與顧客進行較冗長的對話，說話的速度不要太快，對方會聽不清；也要注意語調，不良的說話態度和語氣會損害公司的形象。由於講話的過程不像看文字一樣有標點符號，因此聲音應在適當的地方表現抑揚頓挫，舉例來說：

提到特殊課程賣點後略作停頓，能引發顧客思考。
當話題獲得顧客認同時，稍作停頓，容易使顧客加深記憶。
在顧客表示同意後略作停頓，代表你的重視。

停頓能使情緒與口氣產生變化，希望顧客記住的重點記得要加重語氣，切記顧客會從我們的聲音表情來判斷我們的情緒與態度，所以過於平板的語調會給予顧客口氣不善的感覺，太用力的語調會讓顧客以為我們在發怒，而太過小聲的音量會讓顧客聽不清楚而焦躁。

結束通話

通話結束前應重述顧客相關預約訊息，其中包括日期、時間和服務項目，以及任何約定好的事項。一定要提醒顧客，如欲取消需要提早告知，並告知顧客需要到達以及療程開始的正確時間。掛電話前，感謝顧客來電，應等候來電者先掛斷較為禮貌。

電話預約應對範例

電話鈴響三聲內馬上拿起話筒

拓SPA您好，我是XXX，很高興為您服務！

詢問是否要預約療程

（不知道對方的名字時）請問您怎麼稱呼……
請您稍等一下

詢問是否有指定服務人員

YES：好的，我立刻為您確認時間。

NO：好的，為您預約X月X日X時的XX療程，由XX為您服務。

建議業者要時常針對自己的員工進行語氣訓練，以及電話應對模擬訓練，針對以上提到的不同狀況一一加以練習，為您的顧客留下良好的服務印象。

※注意聽對方的談話內容

- 專心地、正確地、仔細地
- 要適度地發出聲音來回應對方，如：「是的、知道了……」
- 用紙筆記下來
- 回答「是、知道了……」時，表示對此事是要負責任的，如果不是很清楚時，可以找較清楚的人來接電話

- 您所交代的事是……是嗎？非常感謝您的來電，再見！
- 您要預約的時間是……是嗎？好的，我已經為您登記預約，再次提醒您，您預約X月X日XX時的XX療程由XX為您服務，請您提早XX分鐘來到現場，我們將為您先安排事前準備事宜，非常感謝您的來電，期待您的光臨，再見！

※要等對方掛斷電話後，我們再輕輕掛電話

服務禮儀

如何才能留住客人？服務與技術，正是美容產業最重要的核心，而服務的好壞能夠左右顧客的印象分數。營業場所應營造完美親切的服務氣氛，以極盡呵護之心服務顧客，讓顧客擁有極致的享受，建立企業之專業服務形象。所謂的專業服務不只是提供給顧客熟練的技術，更重要的是要用心，讓服務變成一種習慣，隨時注意：面帶微笑、聲音輕柔帶喜悅、禮節依國際標準服務禮儀為基準、服裝儀容合乎企業要求，時時傾聽與洞察顧客的需求，同時要具備同理心，創造感動時刻，時時問自己有沒有觸動到對方的心。

接待禮儀

櫃台人員平日應養成優雅的儀態、合宜的儀容裝扮，舉手投足間的表現對於服務接待是極為重要的，優質的服務可提升企業形象，所以不可忽視。當客人進入店內時服務人員應主動問候，並鞠躬（雙手重疊，右手放於左手上方，並置於腹部行 45° 禮，眼睛看著客人的鞋子方向），謙恭有禮的引導顧客入座，再奉茶請顧客稍等，然後請當天專屬的服務人員前往服務或進行諮詢。

奉茶禮儀

奉茶時可選擇蹲跪於顧客右側方，說明今日提供的茶點，並針對今日服務療程內容進行介紹。

奉茶時，茶水不宜裝太滿，以八分滿為宜。奉茶時將茶杯手把置於顧客右側，以方便顧客取用。奉茶時應面帶微笑，眼睛注視顧客請對方慢用，再起身離開，所有動作必須非常柔軟且保持面帶微笑。

雙手重疊，右手放於左手上方，置於腹部行45度
禮，眼睛看著客人的鞋子方向。
45°

茶水以八分滿為宜，不宜裝太滿，奉茶時將茶杯手
把置於顧客右側，以方便顧客取用。奉茶時應面帶
微笑，眼睛注視顧客請對方慢用，再起身離開。

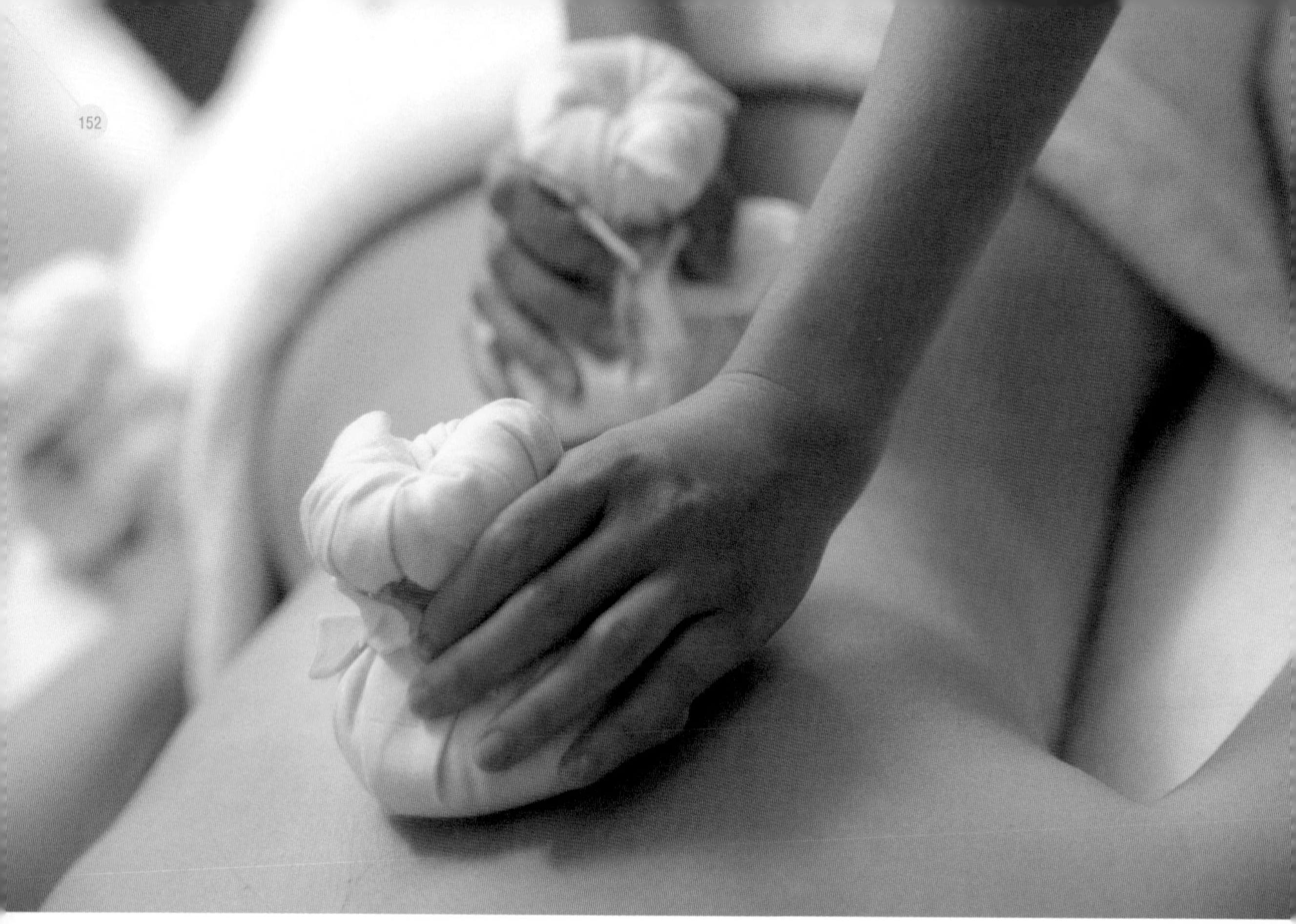

• 療程中，需適當關懷顧客感受，調整力道

療程服務禮儀

當準備工作就緒後，應告知顧客並引領至療程房：「xx 小姐您好，我是您的芳療師 xx，請與我同行，我將帶您至今天欲進行療程的 VIP room」。請走在顧客右前方，面帶微笑並舉起您的右手指示方向。顧客進入服務療程房後，要細心的協助顧客躺下，同時需要事先告知顧客是面部朝上或朝下，以免顧客不知所措。待顧客躺好後協助蓋上被子，要隨時關懷顧客溫度是否適宜以免顧客著涼感冒，同時記得將顧客的拖鞋整齊擺放床下。

療程中不可在未告知的情況下隨意離開療程室，讓顧客單獨在療程房內，以免造成顧客疑慮與客訴。療程中服務人員若需與顧客溝通，應輕聲細語，與顧客交談不可談私事與宗教等話題，容易造成顧客反感或因為立場不同而產生爭執。

請記得過程中需適切關懷顧客感受，並做適度調整。若需要顧客翻身，請注意顧客隱私，以及避免顧客與太多冷空氣接觸，若顧客感冒或感到不適，有可能會對於今日療程給出極低的評價。

另外需要注意的是，有些療程在進行前後可能需要安排淋浴，無論淋浴設備是設置在 VIP 室還是在另外的淋浴空間，我們都應事先告知顧客相關流程與設備的使用方法，並且告知顧客在他淋浴完成後，您會在門外等候，抑或是請顧客按壓事先安排的服務鈴，以便即時服務顧客至療程房，切忌讓顧客在淋浴後找不到人，感到不知所措。

送客禮儀

顧客離開前先詢問顧客下次光臨的時間，事先為顧客安排好下次的療程項目與時間。服務顧客完成結帳後，服務人員須親自送顧客至出口或電梯處，以站姿前傾 45° 鞠躬感謝顧客，並歡迎顧客再度光臨，目送顧客離開直至看不見顧客為止。

送客禮儀

顧客離開前先預約下次時間

為顧客結帳

親送顧客至門口或電梯口

45° 鞠躬目送顧客

參觀禮儀

走在顧客
右前方

標準話術

參觀路線

逃生口
與設備

坐一下
再參觀

參觀禮儀

若顧客第一次到現場，應帶顧客參觀，讓顧客了解現場環境，增加顧客安全感。引導顧客參觀時應走在顧客右前方。顧客不一定都會預約，也有臨時的現場顧客，應事先訓練人員對場內說明之標準話術，以及帶領參觀的路線，並對場內所有設施、設備做詳細說明，尤其是逃生口以及逃生設備所在區域。請注意，不要在第一次來現場的顧客還沒有坐下來、還沒有喝杯茶以及尚未了解顧客來意前，就急忙地帶顧客參觀，這樣做過於草率，容易流失顧客。

緊急事件

營業一定會遇到緊急狀況，因此除了正常的流程外，也要建立緊急事件處理流程，尤其遇到顧客發生暈倒、跌倒等意外或發病狀況，或是突如其來的天災人禍；所以我們應先將最靠近營業現場的警察局、醫院、消防局等電話備存於櫃台，以便緊急應對顧客在營業現場內發生的任何危險，營業主管需親自陪同顧客至相關機構，直至顧客回家或家人到場為止。

護理療程標準

設定護理療程的標準服務流程可以確保服務品質，從顧客諮詢到執行療程的所有細節，如護理名稱、護理所需時間、價格、適用對象、護理功效、相關程序、備品與注意事項、話術，皆應設立相關流程以提高服務品質。我們可以用文字條列，或是針對每個療程製作表單以便管理，以下以美容醫學的眼部微整療程為例，您可以依照店內想表述的內容自行製作專屬的表單。

• 表 護理療程標準制定

<table>
<tr><td>護理名稱</td><td colspan="5">眼部微整綜合護理</td></tr>
<tr><td>護理時間</td><td>60 分鐘</td><td>原價</td><td>依部位洽談</td><td>會員價</td><td>依需求標示</td></tr>
<tr><td>適用對象</td><td colspan="5">針對課程可以處理的對象加以說明，例如眼袋和細紋等</td></tr>
<tr><td>護理功效</td><td colspan="5">由於顧客很難從課程名稱確切的了解機轉與功效，應對護理療程加以說明欲完成的成效</td></tr>
<tr><td>護理程序</td><td>使用儀器或商品</td><td colspan="4">流程 / 注意事項 /Q&A</td></tr>
<tr><td>肌膚檢測</td><td>360 度肌膚檢測儀</td><td colspan="4">1. 話術：「xx 小姐，現在為您進行肌膚檢測，讓您了解目前肌膚狀態並為您規劃適合療程。」
2. 與顧客確認是否接受建議課程及後續結帳相關動作。
3. 安排並介紹當日服務人員，告知當日服務療程內容及注意事項。</td></tr>
<tr><td>術前 / 後拍照存檔</td><td>相機</td><td colspan="4">於療程第一次及最後一次進行拍照，若顧客有特別要求，當日可拍照做療效比較。</td></tr>
<tr><td>促進眼部循環</td><td>玻尿酸注射 + 肉毒桿菌注射</td><td colspan="4">醫生現在準備為您注射玻尿酸以及肉毒桿菌，其能促使您的眼周減少細紋以及促進恢復肌膚彈性。</td></tr>
<tr><td>注意事項</td><td colspan="5">施打微整針劑術後須 2 週才可進行其他保養療程。
建議後續搭配其他雷射除皺儀器及眼周保養產品。</td></tr>
<tr><td>相關 Q&A</td><td colspan="5">Q：眼周細紋形成原因及保養重點為何？
A：產生的主要是由於肌膚的新陳代謝不好，保養重點是選擇具緊實效果的眼部產品，其中含有抗氧化、抗自由基生成的成分，配合眼部拉提按摩幫助。

Q：使用彩妝與睫毛膏會不會讓眼部變得更黯沉？
A：眼周肌膚吸收度較差，所以保養品選擇上要比臉部所使用的更為精細，以無油、無香精的眼部專用保養品為佳。</td></tr>
</table>

CHAPTER

7

人資是重要核心

人力資源管理對於美容健康復癒產業來說非常重要，專業技術人員、櫃台工作人員和管理的好壞將會影響顧客的評比與口碑；顧客是用什麼樣的眼光來看待你的公司，取決於為顧客服務的人員，因此精心規劃相關政策以及管理所有相關人員是企業應該重視的，以確保企業在需要的時間和需要的工作崗位上擁有各種所需人才。

在第三章討論組織架構時，已大略區分出組織的人力與各職位的工作內容，本章將於人力管理部分做更詳盡的說明。

美容健康復癒產業與其他一般企業一樣，在人力資源規劃上包括各個層面的內容，因此要依循企業的經營目標進行制定。而在人力資源管理中，應為每一個工作人力設定工作說明，藉由分析技能以及各個職位人員的職位內容，針對每一個職能填寫相關工作規範說明，以利人力資源管理。

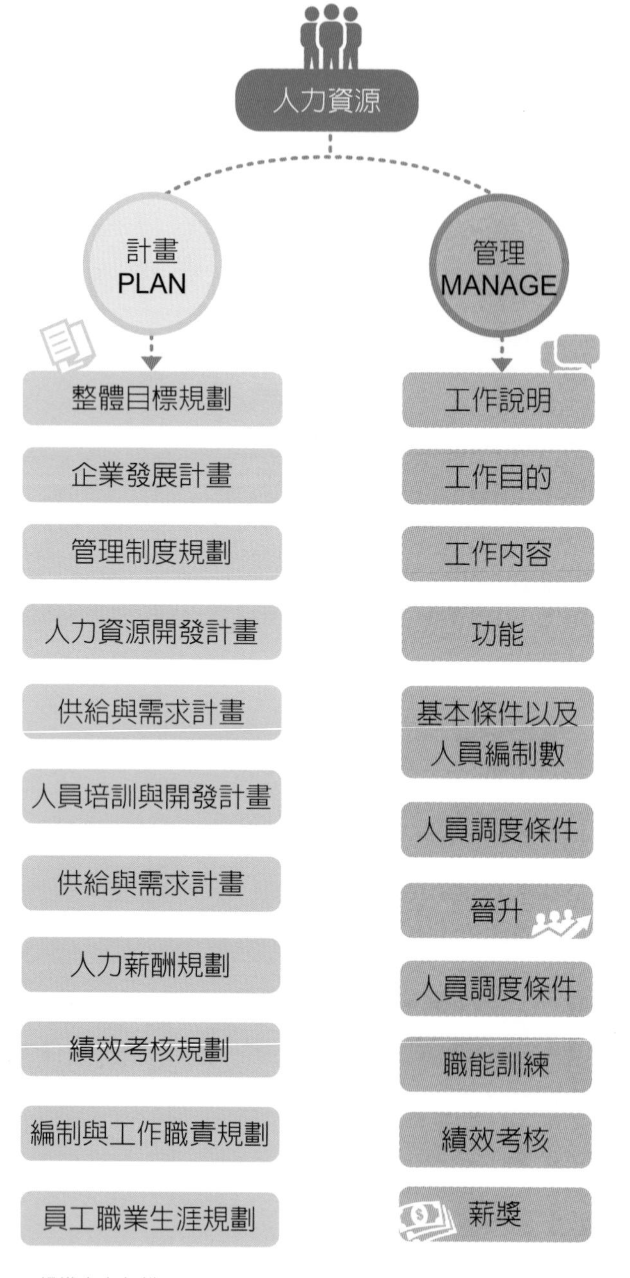
人力資源
計畫
PLAN
管理
MANAGE
整體目標規劃
企業發展計畫
管理制度規劃
人力資源開發計畫
供給與需求計畫
人員培訓與開發計畫
供給與需求計畫
人力薪酬規劃
績效考核規劃
編制與工作職責規劃
員工職業生涯規劃
工作說明
工作目的
工作內容
功能
基本條件以及
人員編制數
人員調度條件
晉升
人員調度條件
職能訓練
績效考核
薪獎

• 組織人力架構

人力編制與職能規範

在人力編制上，一般分為現場人員和後勤人員兩種。

現場人員編制

現場人員指的是在現場要面對顧客的人員，如櫃台人員、芳療師等，編制人數由營業相關數據，如營業坪效、平均客數、平均客單價等來制定。依營業階段來評估營業現場相關工作人員的實際需求，即使營業額在起步階段尚未達到預期營業預估，也要有基本服務人員的配置，其編制人數可以按照營業額的成長階段性補充人力。

後勤人員編制

後勤人員通常是不需要直接面對顧客的人員，如企劃、會計、倉儲人員、教育人員等，這些相關幕僚人員應依照公司的規模大小來評估實際需求人數，以支援營業現場相關營運。

不論是現場或後勤人員，召募前都需要設定好每位人員的工作職責，右表為職能規劃的參考與說明，可以針對公司欲徵選的人力，依照各別不同職能來設計規範。

• 表 人員職能需求

職位名稱	營運主管
職位目的	負責營運執行人事與成本等管理，達成公司目標
職位功能所需之專業能力	需具備美容或醫美豐富專業知識 需具備諮詢及業務洽談能力 需具備溝通協調能力 需具備營運成本概念 需具備營運相關領導統御經驗 需具備作業流程規劃能力 需具備統合與執行力
最主要的工作職責	督導及協助營運目標達成，以達成年度計劃之期望目標 負責年度新品研發或引進優質課程 （以上兩項為範例，可舉出所有職責以及比重來進行評估與管理）
本職位基本條件	大學以上 國家美容技術士乙 / 丙級證照或國際芳香療法證照 從事美容 SPA 或醫美產業管理經驗 10 年以上
績效衡量指標	（依照不同職能設計相關指標評量標準以及制訂出評估表，以便定期評估與計算）

人力招募

人力需求一般主要分為內部招募與外部招募等，內部招募的方式有：

外部招募的管道則相當多元，如網路、報紙、校園招募、獵人頭尋找推薦、員工推薦、相關組織協會推薦等，都可招募適合人選。

人力招募過程中，甄選是很重要的一環，一個人員的工作表現與顧客的滿意度，跟個人特質、專業和技術有很大的關係，因此藉由甄選過程可以篩選出適合的專業人才。人員甄選一般可經由以下方式進行評估：

• 清華大學校園徵才活動
（取自 http://140.114.42.11/action/2015/）

人員甄選方式

篩選：組織需要不同專業職能的人才，故企業應針對不同的工作屬性制定相關規範，條列出該工作職能的專業要求條件，事前先篩選出組織要求的專業人才，以避免人員到任後才發現不適任而造成過度的流動率。為了減少企業的資源浪費，接下來的面談就相當重要。

篩選

面談：藉由面對面溝通過程進行評估，了解應聘人員的素質、敬業態度、對工作的認同、責任感、誠信、心態、上進心、工作的心態、曾經的職能經驗、語言表達的能力、是否具有團隊精神、溝通能力、專業表現以及薪資要求等狀況，評估是否適任需求的職位。當然在此過程除了企業選才，也是應徵人員確認這家企業是否是自己未來能長遠發展的地方。

面談

考核：若是技術職的人員，須安排現場技能考核，來確定應聘人員對於專業技能處理的能力。亦可運用筆試等方式評估專業能力，同時可以藉由性向測驗來了解應聘人員的潛在狀態。

考核

員工培訓

在職教育訓練是培養人才必要且重要的方式，藉由培養員工的專業知識與技能，可促進員工對工作職責更加的深入，鞏固企業 SOP，並將公司的核心精神與競爭的專業再次深耕。教育訓練的多寡對於員工留任率、忠誠度與顧客滿意度具有相對的影響因素，而在培育人才的過程中，企業可發掘優秀的人才，成為未來的生力軍。員工在職教育訓練一般分為新人教育訓練、在職教育訓練、外派教育訓練，以及自我學習等四個形式。

新人教育訓練

此為一個員工在這個企業的職業發展起點，主要是讓新進員工了解組織的發展目標、企業文化，以及接受與自身職能有關的商業技能課程，藉由訓練的過程使員工了解企業的標準作業程序、禮儀、員工工作守則、相關制度說明，並針對不同職務人員進行培訓課程，使員工工作起來更為順暢。企業進行新進人員教育訓練時，需要有明確的教學目的，並制定詳細的教學計劃，讓新進員工在訓練後，能立即投入工作。

在職教育訓練

是企業針對內部在職員工，階段性為人員進行的精進教育，或是對人員進行提升計劃的相關訓練。通常是由人資部安排，或由單位主管提出人員需要加以培訓的計劃。普遍採用座談、實際操作、模擬演練等方式，必要時會外聘師資為人員進行教育訓練。

外派教育訓練

是針對企業欲培養的人才進行的深入教育計劃，對象多為與企業發展相關的重要人員，由於需要不斷地增進知能與技能，通常會採用將人員調派到其他單位、其他機構或是外派到國外進行考察等方式，這些方式有助於人員日後為企業貢獻所學，與企業一同進步發展。

自我學習

企業有時無法完善安排所有的教育訓練，因此會鼓勵員工運用自己閒暇的時間主動學習，設立學習護照讓員工有計劃地透過學習增加更多自身的專業能力、溝通技巧、管理能力與營業技能，創造被企業利用的價值，為自身職涯帶來更多進步空間。

員工的薪酬

薪資是員工付出專業勞務與勞動後所獲得的報酬，因此薪資設立關係到企業的經營管理、長遠的發展以及人員留任等問題，薪資設計必須結合企業對人員的戰略設計、經濟性、員工價值、激勵性、公平性以及外部競爭力等條件。

戰略設計

一個企業以及人員的發展方向，與薪資設計有很大的關係，薪資與獎金的結構會直接影響員工的行為以及留任，因此企業需要分析什麼是薪資結構中重要的因素、哪些是次要因素，加以權衡設計相關比例來訂定薪酬的標準。

一般業主都期望一個員工超出他原來應表現的標準，所以針對員工的付出程度，業主應設計一個具有激勵效果的薪酬辦法。如 1800 年末，泰勒（Frederick Taylor）發現員工的工作步調產生系統性怠慢的問題，後來泰勒從制定標準作業流程、加強員工訓練以及設計績效獎勵制度等方式改善員工的工作效益。

銷售人員的薪酬要依照工作人員的工作特點與內容來設計，可從需要技能、責任大小、工作複雜度、勞動強度與完成責任程度來考量，除了一般基本底薪外，也要考量津貼、福利與獎勵。其中對於完成目標與績效者的獎勵一般分為個人獎勵（個人表現優良或公司紅利回饋）、計件式獎勵（單位件數計算）、團體計績獎勵（團體成員的績效共同計算）與團體獎勵等。

科學管理原則

由弗雷德里克．溫斯洛．泰勒（Frederick Winslow Taylor, 1856—1915）提出，他被稱為科學管理之父，對工業化有大幅影響。他的理論核心為管理要科學化、標準化；勞資雙方利益一致，管理人員與工人運用所長平均分擔工作；標準化的管理才能實現最高的工作效率。關於科學管理的運用案例，最知名的就是福特公司利用條狀圖做科學管理，將工具零件、人員、環境做專業化的分配，打造了全球第一條流水生產線，大幅度提高了勞動生產率。

• 表 獎勵、津貼與福利

獎勵	個人獎勵	因個人的優良表現給給予獎勵。
	計件式獎勵	以完成的單位件數計算績效給予獎勵。
	團體計績獎勵	將團體成員的個人績效綜合在一起計算，平均給予每位成員相同的獎勵。
	團體獎勵	團體的表現達到或超過公司設定的目標，而平均給予獎勵。
津貼		對員工額外的勞動消耗或支出給予的補助，是一種工資形式，如育嬰津貼。
福利		除了薪資外，員工尚可享有的利益與服務，比如保險、休假、婚喪補助等。

獎酬評估辦法必須公正、透明與落實，不能隨著老闆的心情或感覺來發放，需要依照制度計算進行獎勵，方能獲得員工的信任與留任。而一般後勤人員的薪資或是服務人員的基本薪酬，可依下列四個方向來評定：

外部公平（External Equity）

即同行業、同地區與相對規模之相類似職能，由知識、專業與經驗相似度等層面來評估相似的薪資條件。

內部公平（Internal Equity）

即在同一個企業中，不同職位或相同職位的薪酬，依個別對企業的貢獻以及經過工作評估與考核後，進行薪資考量。

團隊公平（Team Equity）

許多企業會依照部門團隊的貢獻與績效來評估，不是以個人的表現作為考量，藉以發揮團隊之間的互助合作與榮譽，按照內部公平原則來評估團隊薪資和獎酬分配。

個人公平（Employee Equity）

即同企業中相同職位的員工，其所得應依照貢獻獲得獎酬。

• 薪資評估方向

考量成本

設計薪獎制度時要注意成本控管，銷售營業額包含了多項成本需要注意，如商品成本、勞務與銷售抽成、廣告行銷、房租、攤提及水電瓦斯等費用。同時設計薪資時也應該將後勤單位人員薪資計算在內，不要忘記一個公司要有盈餘才能永續發展。

激勵原則評估

設計薪酬時要注意其制度是否具有激勵員工的作用，成功的薪酬獎勵可以激發員工努力向上，幫助公司贏得良好的營業績效，但是要注意薪酬設計要得宜，否則容易造成員工為了取得高額獎金而不擇手段，這樣會造成士氣敗壞，影響公司正常營運，不利長遠企業發展，也可能造成客訴等問題。

外部競爭條件

設計薪酬時也要調查分析同業薪資水準，知己知彼百戰百勝。低於市場行情的薪資容易導致招募失敗，過高的薪資對於企業長遠發展是負擔。要如何控制薪酬，使之具有市場競爭力，並讓員工取得公平的報酬，考核機制是重要的評估目標，也是企業留住人才與永續經營的關鍵因素。

設立考核機制

績效考核是透過評量員工某時期的工作態度、行為及結果，以正式化且結構化衡量、評估與影響的目標達成率之程序，藉以作為調薪、任免或晉升等人事決策之參考（羅彥棻、許旭緯，2014）。原則上，績效考核是一種管理的方式，而不是管理的結果。不同的工作職能都應設定具體的目標以及可衡量的工作項目，如績效達成率、工作完成度、橫向直向與上下溝通能力、客戶服務滿意度等。依照各職能的表現，由人資部來設計相關考核辦法，一般考核具有以下的目的與作用：

達成目標

設立考核的目的是為了促進員工朝向預設目標努力，不同工作職能皆有不同的營業目標要完成，可藉由目標的達成率評估員工的工作表現。

績效評估

可以藉由月考核或季考核等方式來進行人員的績效評估，在考核的過程中，可以發現人員在工作過程可能發生的問題。在營業管理時，需要藉由不同的方式來確認營業現場是否有問題產生，並進行相關修正。

考核的內容可以依據工作屬性設計，將績效、團隊態度、專業能力、客戶滿意度、自我提升實踐等因素列入評比範圍，以提升企業服務品質與效率。

獎勵辦法

企業一般都會設立獎金制度來獎勵績效考核優良的員工，如此可以激勵員工維持一定的工作水準。企業可以依據考核結果適度調整薪資獎酬分配，以避免公平性問題，如果獎勵分配不均容易引起很多問題產生。

共創價值

績效考核可以促進員工和企業的共同發展，對員工而言，考核可以有效激勵員工工作表現，促進員工自我管理，增加員工的榮譽心，提升自我價值；對於企業而言，則能有效掌握員工的績效與品質，使企業健康穩定的營運與成長。

考核辦法

員工績效考核辦法有非常多種，如平衡計分卡、360 度考核辦法、目標管理辦法等方式，各方面都建立相關目標以及衡量標準，使企業與員工雙贏。

平衡計分卡

可以使用羅伯．柯普朗（Robert Kaplan）和大衛．諾頓（David Norton）研發的平衡記分卡（The Balanced Score Card，簡稱 BSC）來輔助進行管理。BSC 是一種策略性的管理系統，能將企業戰略目標逐層分解，轉化為各種具體、相互平衡的績效考核指標體系，並對這些指標的實現狀況進行不同時段的考核，從而為企業戰略目標的完成性，建立起可靠的執行基礎。平衡記分卡可歸納出「4、7、4」的特質，由四個構面來衡量公司，每個構面都有七大策略，其彼此的因果關係構成四大系統。

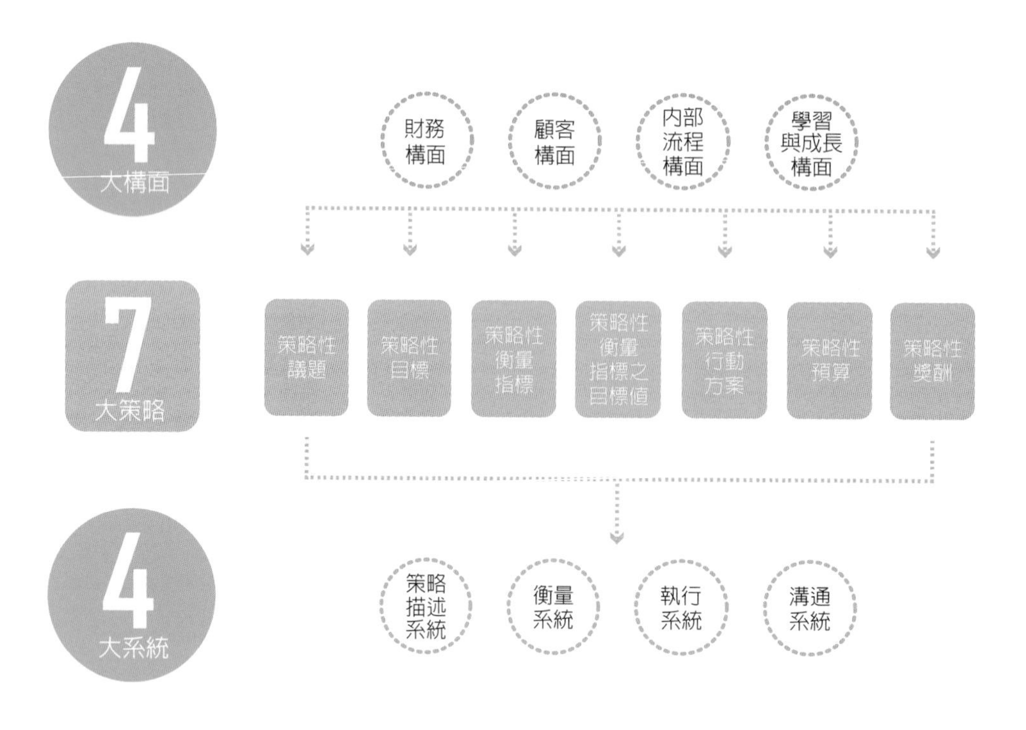

• 平衡計分卡的內涵

四大構面

指財務構面、顧客構面、內部流程構面、學習與成長構面。這四大構面包含了管理的功能與所要達成的具體目標，也就是成功的因素，依據這四大構面來擬定計分卡，衡量整體營運表現。企業應依先明確自身策略與願景，再根據這四大構面分別設計四至五個指標，例如：目的、衡量、標的與動機等，建立一個績效管理制度。

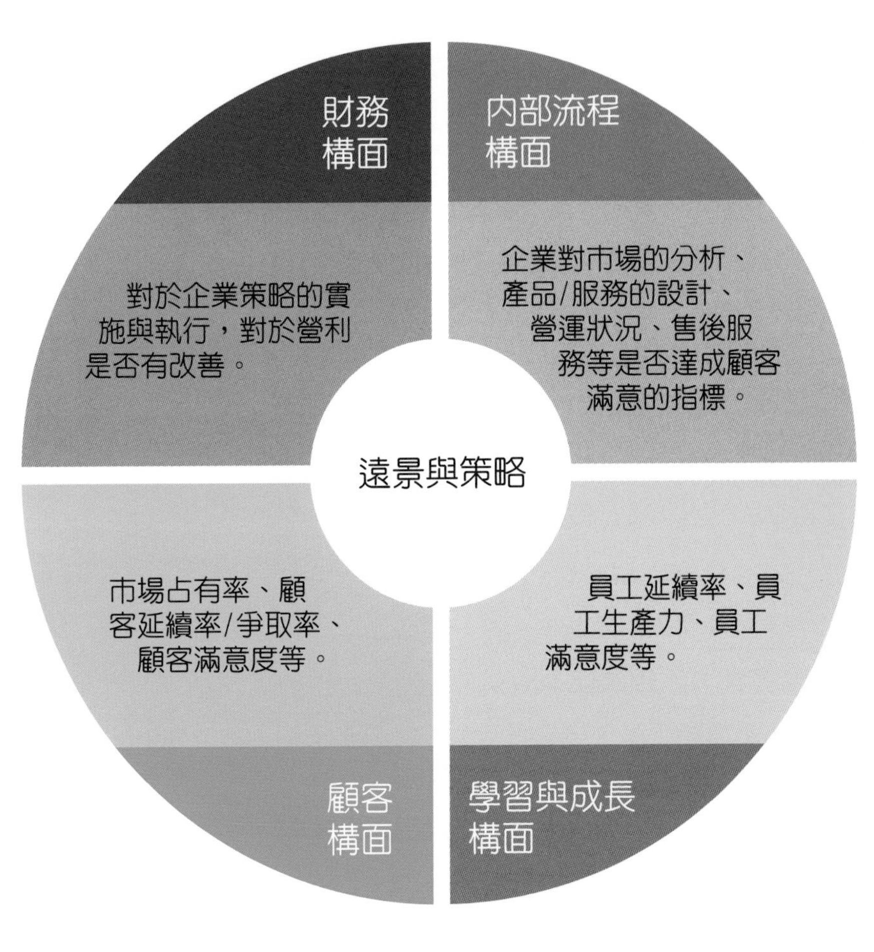

• 平衡計分卡的四大構面

七大要素

七大要素分別為策略性議題、策略性目標、策略性衡量指標、策略性衡量指標之目標值、策略性行動方案、策略性預算與策略性獎酬。這七大要素涵蓋了策略之描述、衡量、執行與溝通，換言之，在擬定計分卡的評估項目時，需要符合公司的策略，找出規劃與執行的缺口。

四大系統

指策略描述系統、衡量系統、執行系統與溝通系統。這些系統代表了平衡計分卡能涵括組織、人力資源與管理等層面。

平衡計分卡的應用不只是理論，需要企業實際提出完整的策略，並能讓員工理解進而認同，若企業僅將平衡計分卡用在員工的績效考核上，作為獎勵標準，那麼員工就會變成被繩子束縛的猴子，只會做上級要求的猴戲。

360 度考核辦法

最早由美國企業英特爾（Tornow，1933）提出並實施，分別由上級、同級、下級、相關客戶和本人按各個維度標準進行評估，了解個人的溝通技巧、人際關係、領導能力、行政能力等績效。藉此評估方式讓員工和企業提高洞察力，清楚的瞭解自己的優缺點、上下從屬關係、左右平行關係、執行力、領導力、行政能力、顧客滿意度與專業度等，而能不斷改進行為；同時與目標和計劃結合時，能夠明顯的激發員工成長的動力。

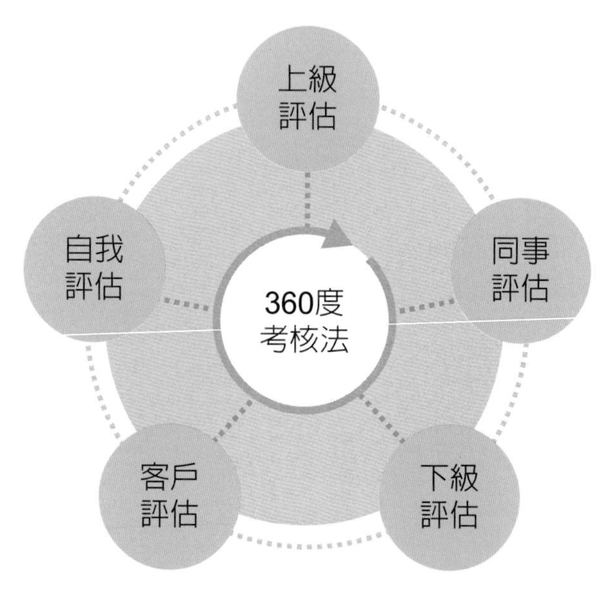

• 360 度考核辦法

利用此方式做評估時，必須先讓受評估者理解其內涵並同意，所有評估問卷都是以匿名方式回答，各類評估人數以 3 ～ 5 人為底限，人數過少則此評估項目便不具代表性。統計結果反饋給受評者時，最好是一對一的談話，讓受評者有安心感並保有隱私。可以參考下方表格來設計評分內容：

• 表 360 度考核問卷參考

<table>
<tr><td colspan="3">評估人員與員工關係</td><td colspan="3">☐上級 ☐下屬 ☐同事 ☐客戶 ☐被考核人員自己</td></tr>
<tr><td>員工</td><td>XXX</td><td>員工編號</td><td>1234</td><td>考核日期</td><td>XX.XX</td></tr>
<tr><td>部門</td><td>XX</td><td>職位</td><td>XX</td><td>到職日期</td><td>XX.XX.XX</td></tr>
<tr><td>考核區間</td><td colspan="5">年　月至　年　月</td></tr>
<tr><td colspan="6">考核尺度及分數
優：90 分以上　甲：80-89 分　乙：70-79 分　丙：61-69　丁：不滿 60 分</td></tr>
<tr><td colspan="3">考核項目</td><td>分數</td><td>權重</td><td>備註</td></tr>
<tr><td rowspan="2">個人素質</td><td colspan="2">儀表整潔</td><td></td><td>%</td><td></td></tr>
<tr><td colspan="2">學習積極性</td><td></td><td>%</td><td></td></tr>
<tr><td rowspan="2">工作態度</td><td colspan="2">遲到、早退、請假狀況</td><td></td><td>%</td><td></td></tr>
<tr><td colspan="2">與工作伙伴的相處狀況</td><td></td><td>%</td><td></td></tr>
<tr><td rowspan="2">專業技能</td><td colspan="2">儀器、產品的了解</td><td></td><td>%</td><td></td></tr>
<tr><td colspan="2">療程 sop 與時間的掌握</td><td></td><td>%</td><td></td></tr>
<tr><td rowspan="2">服務態度</td><td colspan="2">親切、禮貌、面帶笑容</td><td></td><td>%</td><td></td></tr>
<tr><td colspan="2">接待話術</td><td></td><td>%</td><td></td></tr>
<tr><td rowspan="2">顧客反應</td><td colspan="2">被客訴的情況</td><td></td><td>%</td><td></td></tr>
<tr><td colspan="2">療程的滿意度</td><td></td><td>%</td><td></td></tr>
<tr><td colspan="3">合計</td><td></td><td>%</td><td></td></tr>
<tr><td colspan="6">備註：其他相關說明</td></tr>
</table>

目標評估管理辦法

目標管理是由彼得・杜拉克（Peter Drucker，1954）在《管理的實踐》（The Practice of Management）一書中提出，這是一種藉由組織中不同職級人員經過溝通、協調、激勵、分權，和共同設定及建立工作目標與職責，藉以提升員工的承諾及參與，以達成組織目標的一種進取策略。這也是一種把個人需求與組織目標結合起來的管理制度，上級給予尊重和平等，下級給予承諾並產生自覺。此目標管理有三個要點：

1. 組織目標必須明確。
2. 根據組織目標來設定個人目標，並實施自我管理方式。
3. 規定時效、分權考核，讓所有人為個人目標負責。

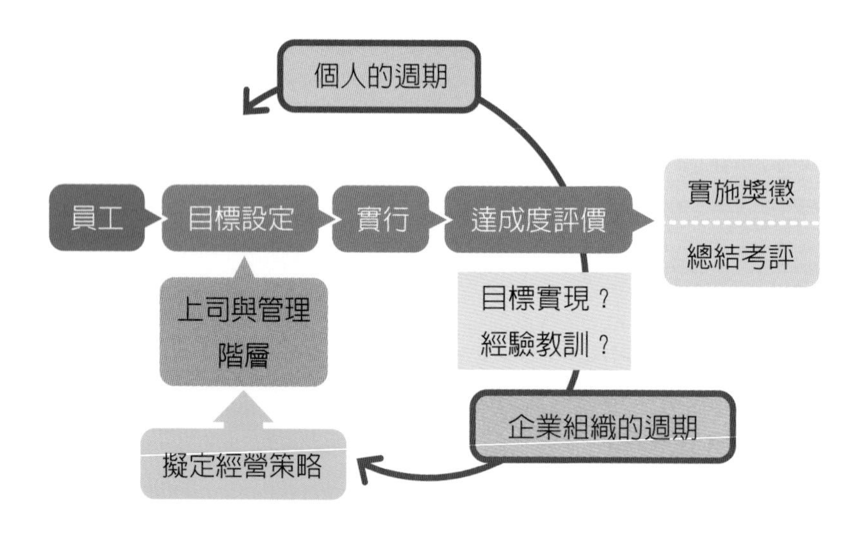

・目標評估管理辦法的實施流程

目標評估管理辦法訂定的通常是短期的目標，我們可以依照各單位的需求自行設定目標與評分機制，以下表格可供參考。

• 表 目標評估管理辦法實施參考

序號	評估項目	評估說明	權重（%）	自我評估	直屬上司評估	分析
1	業績收入	業績指標不低於月目標的 90%	10%			
2	服務顧客數	服務數量不低於月目標的 90%	10%			
3	指定服務顧客數	占服務顧客的比例，可反應顧客滿意度	10%			
4	個人儀表	儀表整潔度、禮節禮貌、是否面帶微笑	10%			
5	工作紀律	出勤狀況、服務態度	10%			
6	設施維護保養情形	1、儀器使用方式與保存 2、若因人為因素造成損壞或報廢（單價 500 元以下不論、500 元以上，每一項扣 5 分）	10%			

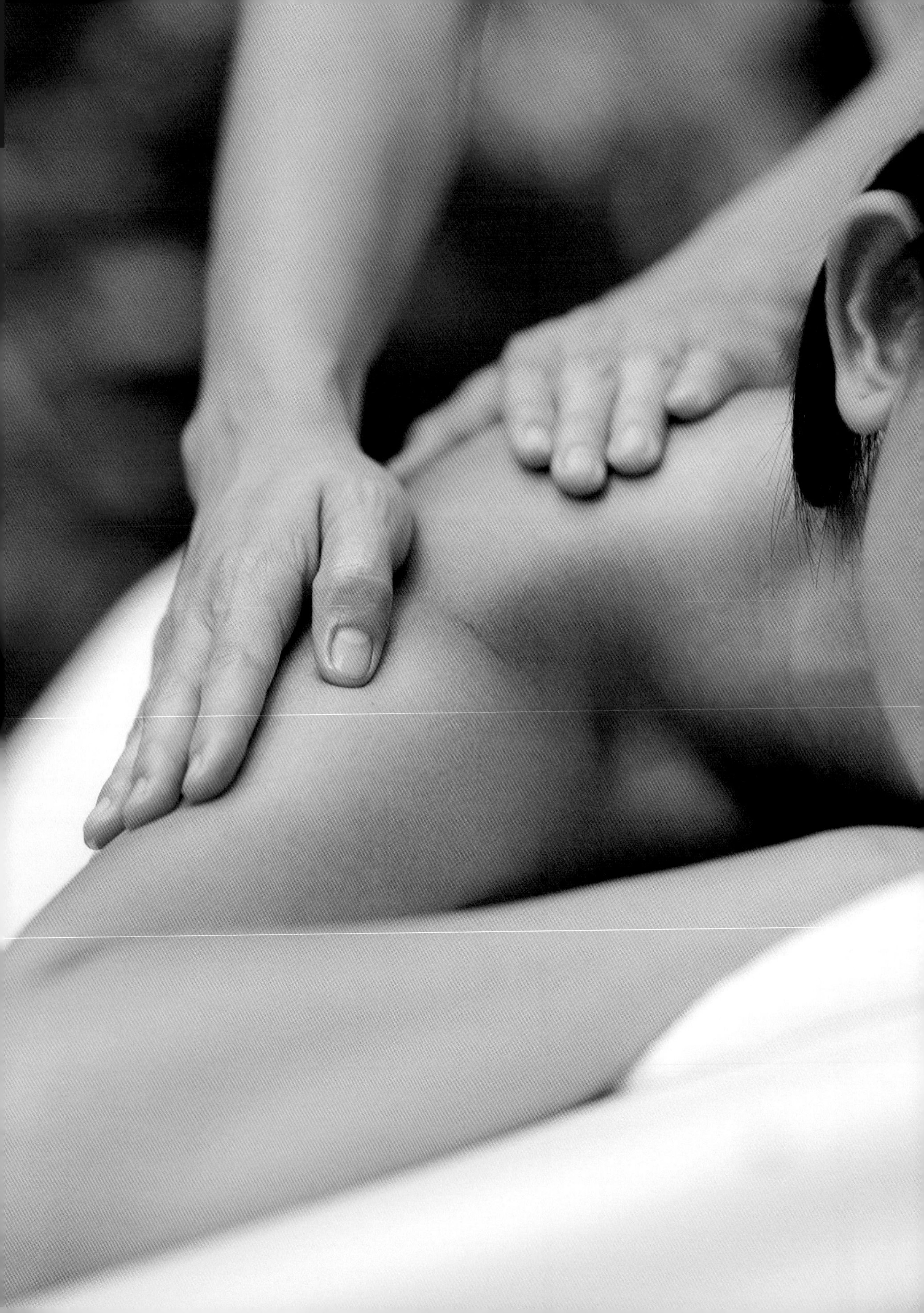

CHAPTER

8

面對客訴，化危機為轉機

創造優質的口碑，就是要有良好的顧客滿意度，無論服務有多好，多努力想維繫品質，偶爾還是會遇到顧客抱怨。也許你會覺得已經盡心盡力了，卻還是因為顧客抱怨而感到沮喪；但提起精神，當我們遇到顧客抱怨時，我們必須認真了解，在顧客投訴背後的真正本意為何？由此才能認知到我們的缺點，或是藉此給予顧客正確的觀念。

認識客訴

大部分的從業人員當遇到顧客抱怨時，第一時間心裡都會認為是顧客在找麻煩，但是請先把這層想法拿掉，耐心傾聽、用心思考，你會發現，其實會把不滿說出來的顧客是為我們著想的。無論顧客是因為心情不好、想藉由客訴來獲得更好的福利，或是對於療程真的有不愉快感受，這都是讓我們未來能提供更好、更完善服務，發現現有的服務的不足，促使我們改進，最後增加顧客滿意度的建議。所以再讓我們想一想，顧客抱怨到底是好事還是壞事？

大多數的顧客並不會反應真實的感受，當他們感覺不滿意時，他們會直接選擇不再光顧。美國技術支援研究計劃公司（Technical Assistance Research Programs Corporations, TARPC）曾發表過有關顧客投訴的統計資料——只有 4% 的顧客會反應客訴，若是處理得當，這些反應客訴的客人有高達 9 成會願意再回來繼續購買產品或服務；那些 96% 不會抱怨的顧客，他們會把不滿放在心裡而不再光顧，或許還會將不滿告訴其他 12 位親朋好友造成負面印象，而一個負面印象需要 12 個正面印象才能扭轉。因此當我們收到顧客抱怨時，我們有了解是什麼讓顧客產生抱怨的急迫性。

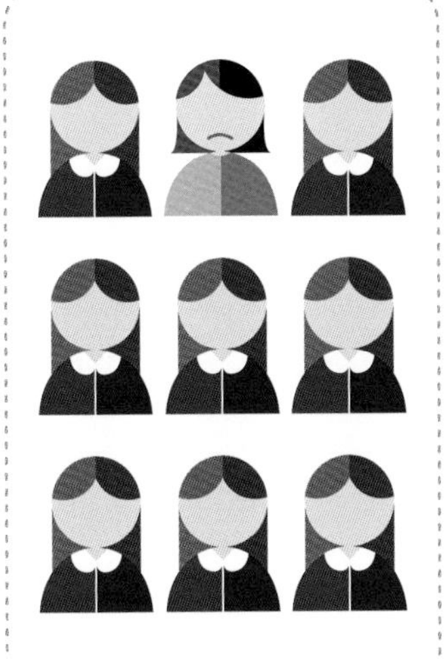

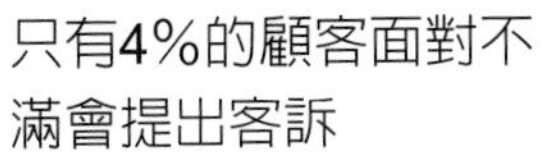

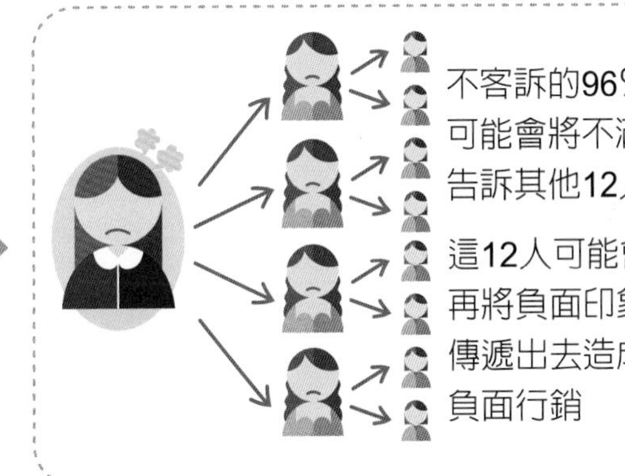

• 客訴處理不妥當會產生負面行銷的狀況

通常顧客抱怨可以依照馬斯洛的需求金字塔（Maslow's hierarchy of needs），分為五種不同層次的需求反應，即生理、安全、社交、尊重與自我實現，這五種需求又可區分為精神（心理）層面以及物質層面。生理需求是最基本的需求，當此需求被滿足後，人們才會進一步追求更高層次的需求。

營業現場提供了完善的環境以及多功能療程項目，這只是滿足了消費者對於美容產品服務的基本需求，當物質面的需求被滿足後，也必須滿足消費者精神層面的需求，也就是說在過程中需要提供更多的服務細節、重視消費者使用後的感受，以及當顧客再次造訪時，是否將曾提出的問題做了適度調整。美容產業是服務業，不只是生理上的滿足，精神上的滿足才是勝過其他業者的關鍵，所以要讓顧客在接受服務後感到超出預期的滿意，才能感動顧客。

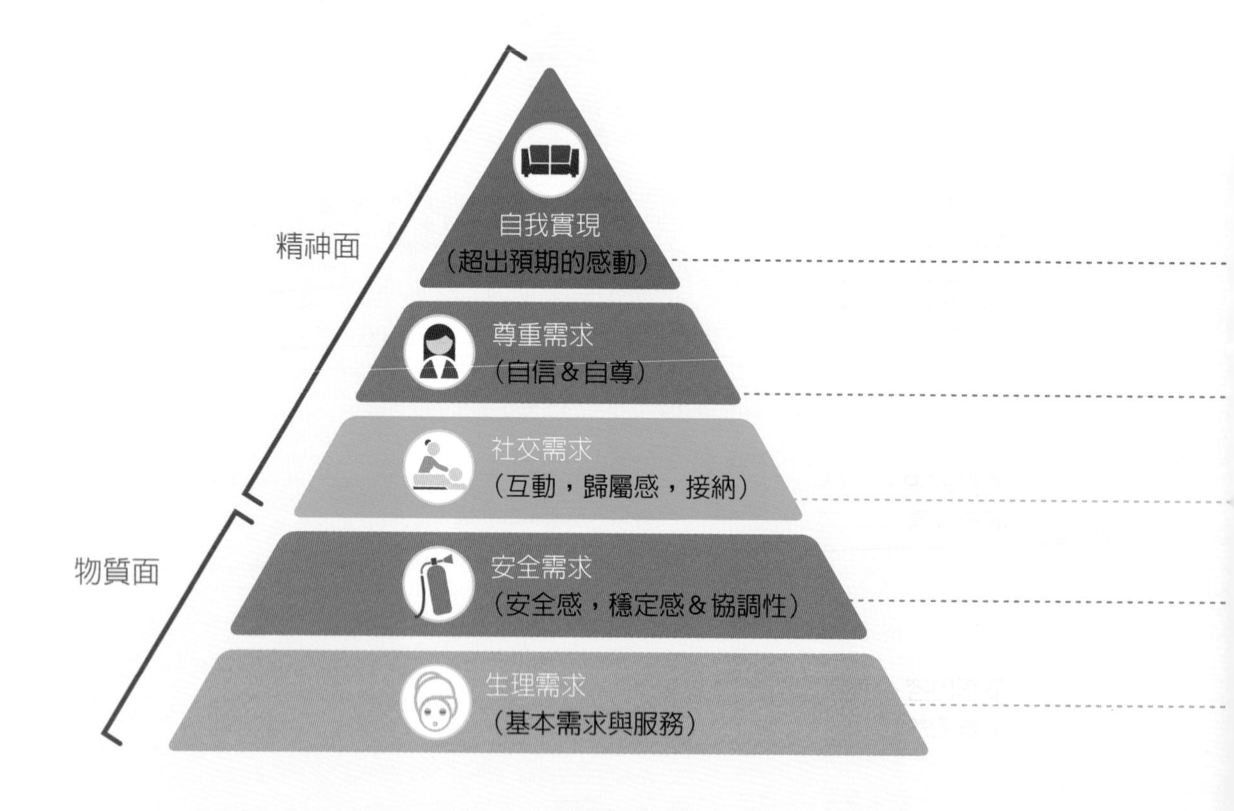

處理客訴

常出現的錯誤處理狀況，是當顧客表達不滿或疑問時，接收客訴的人員解讀成「一定是操作的人有問題或是有疏失，才會有這些問題產生」，一開始在口氣或態度上就全盤接受顧客的說法，產生畏縮、驚訝、生氣的樣貌，和顧客站在同一陣線，一起指責承辦人員或公司的不是。不要以為站在顧客立場罵公司或同事，顧客就會認為你是最好的，這些行為對實際問題的解決毫無幫助，只會讓顧客感到更加不愉快，進而產生更嚴重的客訴或不再光顧的問題。

另一種情況是聽到顧客抱怨卻輕忽其重要性，沒有向上呈報，拖延處理的作法讓顧客覺得沒有受到重視。

顧客會抱怨其實是要你重視或解決他認為的缺點，不是因為他不喜歡你，如果在應對時，表現出不在乎、口氣不佳、臉色不悅甚至反擊、爭吵等行為，表面上看似爭贏了這場戰爭，但其實你已經失去了顧客，以及顧客的朋友與更多的潛在客戶。那麼，該如何處理客訴，平息顧客的憤怒呢？

- 整體感受不如預期的高品質、休息區的環境吵雜等，應有加分作用的地方卻造成反效果
- 接待與服務人員態度不佳、對待顧客的資料隨便等
- 療程SOP或動線規劃有缺失，服務人員沒有提供足夠說明等
- 場所的整潔、安全性、隱密性等基本的環境品質有問題
- 療程內容不符合需求、費用過高，保養或放鬆的需求未被滿足

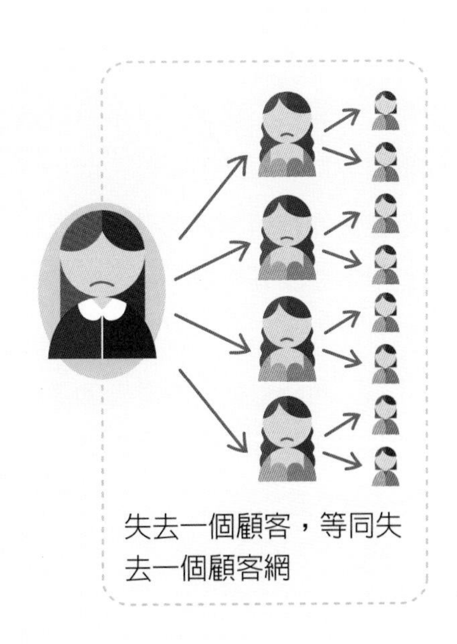

失去一個顧客，等同失去一個顧客網

• 隨時面帶笑容聆聽顧客的需求，是服務人員的專業素養之一

專心聆聽

當顧客在營業現場抱怨時，本來不愉快的情緒會因為周邊有其他顧客，本能的將音調提高，若是我們在這樣的環境和情緒下與顧客對談，彼此的情緒容易被渲染升級為對罵，間接影響其他顧客的觀感。為清楚了解並有效的解決客戶問題，首先可以請顧客移步到安靜的地方，為顧客倒杯茶，讓顧客冷靜一下情緒，仔細聆聽顧客的抱怨。

傾聽是一個重要關鍵，除了可以讓你察覺出顧客抱怨的原因，也有助於舒緩顧客不愉快的情緒。請記得顧客在抱怨的過程中不要隨意打斷，無論顧客提出來的抱怨是大是小，記得要讓顧客說完他的問題，同時重複顧客反應的關鍵語，讓顧客知道你有在聽，當你理解問題後才能有所反應。

請注意，傾聽是建立與客戶溝通的橋樑，找出並確認問題，是不使場面惡化的有效方法。一旦確認抱怨的原因，要立即為顧客找到解決方案並落實執行。

處理客訴時，要盡量安撫顧客情緒，但過程中要讓員工獲得基本的尊重。如果客戶在抱怨的過程中演變成侮辱你或你的員工，應當立即終止討論，並告知會將他所反應的問題請公司做適當處理，溝通過程中應禮貌地交流，由總公司或現場主管偕同處理。

冷氣太冷了，我感覺要感冒了。

顧客

療程室太冷了是嗎？

員工

是的，我從淋浴間走出來時冷得讓我感覺不舒服，你們空調溫度調太低了。

顧客

好的，我先幫您蓋一層被子，並且打開了您身下的電熱毯，現在我立刻調整空調溫度，如果還是感到冷，或是變得太熱的話請跟我說，我會再度為您調整。

我打完肉毒，眉毛變得一高一低，我要退費！！你們要負責！！

顧客

是的，我了解您眉毛不一致帶給您的困擾，我立刻為您安排醫生進行評估處理。因為平常我們使用肌肉的力道不同，當我們施打相同劑量後神經叢接受麻痺的強度也就會不同，所以才會有您現在這樣的狀況，待醫師為您調整劑量後您眉毛的問題就會改善了，請您安心。

如果確認是你的錯，承認並道歉

在還沒有完全了解客訴內容，確定過錯的根本並釐清責任前，不要把責任推卸到其他同仁或顧客身上。有時候客訴的產生是因為員工回答不當所造成，因為太過簡短或明知道而不正面回答，造成顧客認知錯誤而引發客訴。如果顯然是我們的錯，應承擔責任，不隱瞞、不試圖推卸責任，用真誠的態度和語氣向顧客道歉，承諾會解決問題，並保證會完善處理到底。

道歉的用詞是很重要的，「我很抱歉產生這個問題……」或者「我很抱歉讓您感到不便，我們會盡快改善這個問題」這種簡單、沒有推卸責任口氣的道歉會讓顧客感到信任。注意道歉時，不要讓顧客誤以為被責怪，如此會使顧客情緒產生更大的波動，同時在口氣上要避免使用「啊」這個結尾語助詞，這容易讓顧客感覺受到責備或是提出的問題理所當然不是問題，容易激怒顧客。

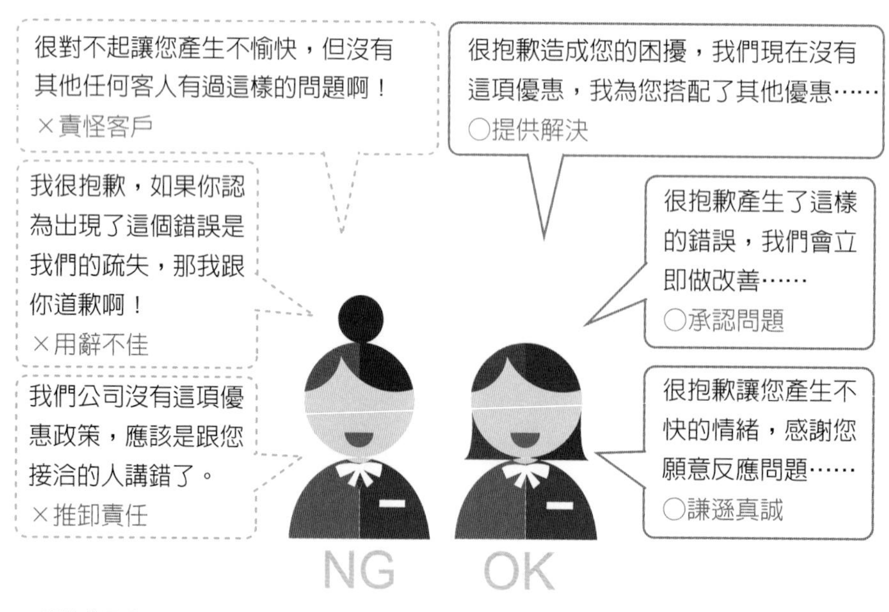

• 道歉的用辭

避免這樣回答顧客

公司規定：當問題產生時，顧客不喜歡聽到員工強調說這是公司規定、這是公司政策，這會讓顧客感覺服務人員沒有盡力解決問題，進而轉為更大的客訴。公司的確得維持相關標準作業或是策略來維繫正常營運與管理，但這不是員工處理客訴的擋箭牌，如何在維持公司政策的思維下，巧妙地讓顧客了解困難，是員工應對顧客時要注意處理的。

我幫你轉給經理：如果沒有必要，請不要將問題隨意丟給主管，通常顧客再次轉述給不同主管時，需要重新描述一次過程，會再度燃起怒火，同時也顯現出你缺乏處理問題的能力，如果不得已一定要轉給上層主管，請在顧客面前向主管充分說明原委較為妥當。

• 將顧客問題轉給高層主管的應對

當客訴的根源是顧客的問題

有些顧客會故意提出一些操作上或價錢上的懷疑，希望從中得到一些好處，所以當我們面對客訴時要小心應對，以免造成更多問題。在營業現場我們要明白，發生客訴是正常的現象，即使是再完善的標準作業流程，都可能會有缺失。只要記住，我們必須在每一次的客訴中獲得經驗進而改善，使企業運行更順暢，而不是處理完客訴就拋之腦後。

記錄，並處理問題

除了傾聽與道歉，還要解決問題。如果你需要時間才能做出回應，或是需要另請管理階層的人來處理，請搭配使用書面記錄方式，詳細的將溝通的問題記錄下來。公司可以制定緊急事件處理單，做為各類事件發生時的記錄表，以便登記問題、追蹤過程與記錄解決方案，經過記錄與確認的過程能讓顧客感到更安心；同時我們需要承諾顧客會盡力為他解決問題，並告知在幾天內會做回覆。請記得要在答應顧客回應的時間內回覆顧客處理進度，即使公司仍在進行相關行政流程，也要通知顧客處理進度，否則顧客在等待回應的期間容易引起焦慮與不耐，進而產生更大的客訴。

當公司有了解決的方式或方案，我們可以先採用書面信件或是電子郵件的方式向顧客說明並道歉，同時再用電話與顧客進行通話，說明最後採取的處理方式。

沒有什麼比解決客訴來得更加重要，妥善處理客訴能增加更高的留客率，其效益比新顧客的留客率還要高五倍。

別忘記在圓滿處理客訴後，要讓你的員工們瞭解是什麼原因造成顧客抱怨，也許是因為折扣問題、贈品問題、醫療糾紛、人為因素等；無論是什麼原因，切記遇到抱怨時要快速且有條不紊的處理，這反而能為您創造一個新的轉機，同時我們應該盡快修正缺失避免未來發生相同的問題，繼續與顧客保持良好的互動，創造最佳的顧客滿意度。

案例分享

Q 我買了兩個課程，為什麼我感覺美容師操作療程時間很快？

A ××小姐您好，今天您購買的2項課程時間各別為90分鐘與60分鐘，由於這兩項課程由兩位美容師在同時間內共同為您分別服務，因此會讓您感覺時間縮短，但是請您放心，我們為您安排的流程與時間都有確實為您進行操作。

A 很抱歉，我們都是按照規定流程，公司規定課程得幫您重疊操作，來縮短為您服務的時間，我也沒有辦法。

Q 我覺得雷射療程太貴了！

A 是的，我們的療程雖然比較貴一點，但是我們為您選擇的是原裝進口的儀器，為您施打的發數都按照有效發數來進行，並由經驗豐富的醫師依照您的肌膚狀態為您進行詳細的評估與處理，雷射後我們會為您做保濕導入，讓您展現最佳效果，您可以安心購買。

A 很抱歉，我們的價錢都是公司制定的價格，我也沒辦法。

案例分享

Q 為什麼我買了療程後一直約不進來？

A 是的，我立刻為您查詢，很抱歉由於今天您預約的時段已經客滿，下週三與週五有兩個時段可以為您安排，不知道您哪個時段較方便，我先幫您進行預約好嗎？

A 怎麼會呢？大家都約的進來，而且您每次約的時間正好都有人，請問您現在要預約什麼時間我馬上幫您安插。

Q 為什麼上次跟這次的儀器不一樣？

A 是的，由於您所購買的療程是三種不同的儀器，每次我們都會依照您當天的肌膚狀況來為您搭配不同的儀器，以輔助您達到更加效益，因此今天的儀器與上次不同。

A 很抱歉，今天儀器故障
很抱歉，我們每次都會輪著幫你換儀器喔
很抱歉，上次那台機器現在有人用所以我幫你換一台……

案例分享

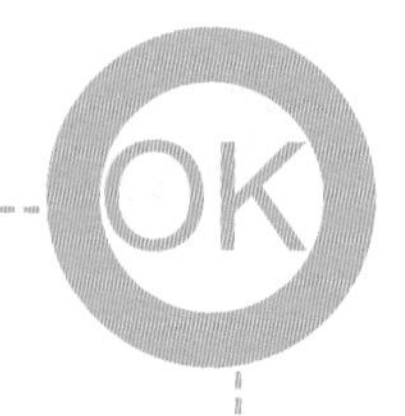

Q 我上次的購買我想退費。

A 是的，請問是什麼原因讓您想退費？

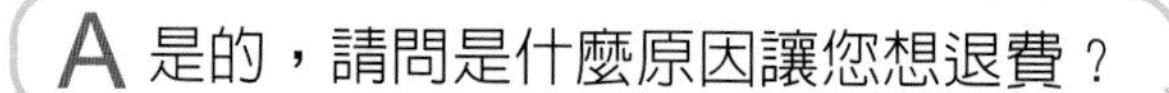

我看到你們另一個活動比較便宜，
我覺得你們不實在。

A 請您稍等我先幫您確認……

A ××小姐很抱歉，我剛剛確認過，由於當時您購買的時候，另一個活動還沒有推出，如果您喜歡這項課程我可以為您將原購買的課程進行轉換，不知道您是否同意……

Q 我上次的購買我想退費。

A 為什麼要退費呢？上次您買的療程您已經使用過了……

我看到你們另一個活動比較便宜，我覺得你們不實在。

A 不會啦，那只是因為你買的時候還沒有這個方案啊，而且上次您已經使用過，要是辦退費使用過的課程是用原價算，這樣會有損失喔！

案例分享

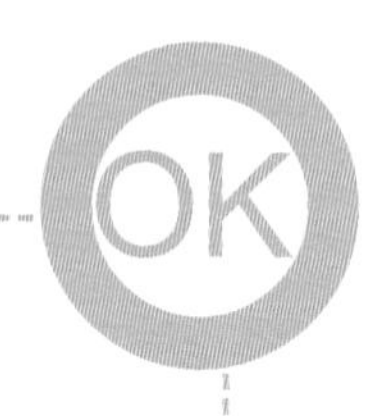

Q 為什麼你們廣告上的內容跟我做的不一樣？

A 是的，請問您是看到網路上的廣告還是現場海報的專案呢？

我是在網路上看到的……

A ××小姐我剛剛確認過，現場的海報是針對店內舊會員的回娘家方案所以跟您在網路上看到的不同，我建議您可以先購買網路方案成為我們會員後，就可以享有現場會員方案了，如此會比較划算喔！

Q 為什麼你們廣告上的內容跟我做的不一樣？

A 沒有不同啊！你是在哪裡看到的？

我是在網路上看到的……

A 你在店內看到的是針對舊會員，你是新客人不可以買……

情境模擬

情境一：顧客在網路上看到體驗活動而購買了體驗票券，但在他實際查詢店家相關資料後，發現廣告上的店家照片與實際似乎有差別，於是他打了電話去詢問。

Q 我在網路上買了優惠體驗，為什麼網路上店家照片跟你們實際的樣貌不同？

A 您好，您在網路上看到的體驗方案為同業聯合體驗專案，目的是為了讓有需要的朋友能就近選擇自己方便的店家進行體驗，但請您放心，這次的媒體方案參與的所有店家皆已通過一致的技術確認，所以服務品質與內容您可以安心。
不曉得您明天或後天，有沒有哪個時段可以？我現在可以先幫您進行預約……

A 因為我們這次是結合很多同業一起廣告，所以招牌不一樣是正常的！我現在幫你預約吧！

通常若已經解決了顧客心中的疑問，工作人員可以進一步幫助顧客預約，因為每一位顧客的到來都是需要妥善珍惜，並且好好照顧，我們一定要立即把握機會邀約顧客前往體驗課程才是。
但是切記，服務業最大的重點是需要多點殷切關懷，顧客不是我們的家人或同學，因此服務的態度和口氣很重要的。

情境二：無論是 Spa 療程或醫美，在進行體驗後，現場服務人員會為顧客進行相關療程的解說，並提供適合顧客的優惠方案，顧客通常當下會考慮是否要購買療程，但大多數的顧客會以價格作為優先考量而提出疑問。

Q 我覺得你們療程太貴了。

A 通常顧客會說太貴的原因有以下：

1. 單價或總價真的太高，已經超出顧客預算。
2. 想獲得更多贈送內容或價格優惠。
3. 錢是老公負責出的，自己沒有太多預算。
4. 想要分期付款但不好意思明說或不清楚店家有無提供分期付款。
5. 內心實際上想婉拒，沒有購買療程的意願。

以上是我們經常遇到的各種原因，我們必須先確認顧客內心的想法屬於上述哪種，才能給予適合的建議。要切記，在服務顧客時，我們不只是提供技術服務，當下無形的服務也很重要，了解顧客的需求，是與顧客保持長遠互動關係最重要的方式。

顧客多半不會第一時間坦白告知服務人員自己的顧慮，顧客的顧慮可能是由複雜的 2 ～ 3 個因素所組成，因此我們應該協助顧客釐清顧慮，以下為解決顧客顧慮的參考方案——

1. 若是「單價或總價真的太高，已經超出顧客預算」：
   我們應該要跟顧客討論他的預算，在顧客的預算內，搭配適合顧客的護理療程。切記服務員自己的消費習慣，不代表消費者的消費習慣，一切要以顧客的想法為優先考量。

情境模擬

A 2. 若是「想獲得更多贈送內容或價格優惠」：
有的消費者其實已經認同您建議的療程方案，但是大多想再獲得更多的優惠或贈送，滿足一下殺價的快感。這純粹是一種感受有無被滿足的問題，需要體貼入微的您來滿足顧客囉！

3. 若是「錢是老公負責出的，自己沒有太多預算」：
如果付款決定因素不在於顧客本身，我們可以建議顧客邀請具有支付權的關鍵人物，像是顧客的另一半，前來一同體驗。我們應該讓顧客的另一半了解在店內進行消費是安全的，以及這些療程的附加價值。
當然，也有一些店家無法提供男性療程服務，通常如果顧客真的很喜歡您的服務，那麼顧客會自行處理這個問題，否則這將真的成為顧客無法購買的原因。

4. 若是「想要分期付款但不好意思明說或不清楚店家有無提供分期付款」：
有時顧客十分具有消費能力，但也有分散風險以及分散每月消費的習慣，此時顧客考量到要一次付清整筆費用時，就會計算前後每月金錢的應用，而遲遲無法下定決心。
店家若察覺到這種情形，應主動提出可現金一次付清或刷卡無息分期的方案，顧客見狀，通常會如釋重負的鬆一口氣，如果同時能滿足購買的欲望，又能分散支出，當然會同意購買囉！

5. 若是「內心實際上想婉拒，沒有購買療程的意願」：
通常會出現這種情形，有以下可能的原因──

絕對不可用「無所謂、不知痛癢或不屑」的回答語氣：
「大家都說不貴，所以不會貴阿！」
「是嗎？那你買便宜的課程好了，但是效果就沒這麼好喔！」
「那等你有錢時再來買好了！」
「那好吧！你帶可以幫你付錢的人來！」
聽到顧客不購買，就變臉、口氣失落或態度變冷淡等，都可能會激怒顧客或讓顧客產生好險沒有購買，否則付了錢還要看臉色的不愉快感。

(1) 店家服務真的很差：

現今人人幾乎處於充滿壓力的生活狀態下，顧客在追求美麗外表與舒緩心情的同時，其實也在尋找讓人放鬆的場域，若是服務人員態度隨便、口氣不屑、表情不耐煩、眼神無禮或是服務不周全等，縱然提供的技術、醫生團隊、環境設備一流，也容易因為不小心觸發顧客的地雷而得罪顧客，讓顧客萌生離開的想法。

由於我們不能理解顧客今天進門時的狀態是好是壞，所以我們應該以最佳且最完善的服務態度面對顧客，縱使這已經是我們今天服務的第 8 位顧客，我們都需要像是服務一天中的第 1 位顧客一樣，保持一致的體態笑容、整潔的妝髮、專業的服務態度、整潔的療房以及不變的技術品質，這樣才是稱職服務人員應有的職業態度。

(2) 技術不如顧客內心的預期：

好的技術與好的服務不是口號，應是發自內心的行為。從顧客一進門開始，到顧客體驗到的每一個環節，都應該讓顧客有驚呼連連、出其不意的感受才行。因為感動和滿意度不只是預約課程的當下才產生，而是每一個細節都能讓顧客累積對這家店的好感度，若能掌握好每一次的顧客體驗，您就真的能成為「感動行銷的達人」，而不是淪為一味的推銷囉！

服務業是一種態度，同時也應該是一種打從內心想幫助顧客的行為，需要觀察入微，滿足顧客的需求，一旦穿上制服就是代表企業的整體形象，而非可以在家恣意妄為的自己。保持「敬業精神」與專業的服務人員才會擁有高黏著度的死忠鐵粉與顧客。

情境模擬

情境三：顧客準備接受醫美診所的安排的手術，有些顧客在諮詢時都同意所有安排，但到了要動手術時，有些顧客或顧客的家人卻開始擔憂了起來。

Q 現在要動手術了，但我覺得很害怕。

A 動手術本來就是一件茲事體大的事情，尤其在進行手術前，醫生、護士的解說或是衛教進行的不夠徹底，顧客就更容易產生擔心、害怕的情緒。也有些顧客在確認手術時間，回到家後，家人或朋友舉了很多不穩定的因素使得顧客憂慮了起來。
此時我們應該再次進行解說，同時將成功的案例跟顧客分享，並解析手術的安全性。任何手術都有不安全的因素，因此我們應善盡告知的義務將可能發生的意外以及發生的可能性等告知顧客，了解顧客的擔憂，細心且有耐心的為顧客解釋，才能消除顧客心中的疑慮。否則一旦顧客的心情不穩定，很可能對手術的效果產生影響，因此如果顧客抱著疑慮進行了手術，也有可能造成日後的客訴。

A 別人都不害怕，你怕什麼？
那你要不要改時間，等你不怕再來？
我都解釋給你聽了，你還害怕！

參考資料來源：

- GLOBAL WELLNESS SUMMIT http://www.globalwellnesssummit.com/about-us
- medical centre clinique la prairie http://www.laprairie.ch
- The Chateau Spa & Organic Wellness Resort http://www.thechateau.com.my/
- 人力資源管理 / 羅彥棻、許旭緯 /2014 年 / 全華圖書
- SPA（水療）產業發展趨勢與問題初探 / 許倩棱 /2012 年 / 商業發展研究院
- 工研院工業技術與資訊月刊 267 期 2014 年 01 月號
- 國際行銷學：建構全球行銷能力 / 張國雄 /2012 年 / 前程文化

圖表來源：

- 瑞醫 Swisspa
- 芳香學苑

室內裝潢設計圖片提供：

- 公司名：睿思室內設計有限公司
- 地址：新北市永和區民權路 29 巷 20 號 1 樓
- 電話：(02)2940-2318
- 網址：www.wisedesign.com.tw

行銷相關圖片提供：

- 公司名：易品資訊股份有限公司
- 電話：(02) 2700-1661
- 地址：106 臺北市復興南路二段 125 巷 20 弄 6 號
- 主要營業項目：
  1. 網站建置服務 (電腦版 / 手機板)
  2. 客製化網路系統專案服務
  3. WEP 雲端整合服務 __ EC 電子商務、POS 管理、ERP 最佳整合方案
  4. SEO 網路行銷服務
  5. 商業平面設計服務
- 網址：www.yipin.com.tw

SPA&醫學美容產業經營與管理：美容創業教戰守冊/靳千沛編著.
-- 三版. -- 新北市：全華圖書股份有限公司, 2022.07
面；　公分
ISBN　978-626-328-252-0(平裝)
1.CST: 美容業 2.CST: 創業
489.12　　111010620

SPA & 醫學美容產業經營與管理—美容創業教戰守冊

作　　者／靳千沛
發 行 人／陳本源
執行編輯／何婷瑜
封面設計／楊昭琅
出 版 者／全華圖書股份有限公司
郵政帳號／0100836-1 號
印 刷 者／宏懋打字印刷股份有限公司
圖書編號／0822302
三版一刷／2022 年 7 月
定　　價／新臺幣 420 元
I S B N／978-626-328-252-0
全華圖書／www.chwa.com.tw
全華網路書店 Open Tech／www.opentech.com.tw
若您對書籍內容、排版印刷有任何問題，歡迎來信指導 book@chwa.com.tw

臺北總公司（北區營業處）
地址：23671 新北市土城區忠義路 21 號
電話：(02)2262-5666
傳真：(02)6637-3695、6637-3696

南區營業處
地址：80769 高雄市三民區應安街 12 號
電話：(07)381-1377
傳真：(07)862-5562

中區營業處
地址：40256 臺中市南區樹義一巷 26 號
電話：(04)2261-8485
傳真：(04)3600-9806（高中職）
(04)3601-8600（大專）

（請由此線剪下）

歡迎加入 全華會員

會員獨享

會員享購書折扣、紅利積點、生日禮金、不定期優惠活動…等。

如何加入會員

掃 QRcode 或填妥讀者回函卡直接傳真（02）2262-0900 或寄回，將由專人協助登入會員資料，待收到 E-MAIL 通知後即可成為會員。

如何購買 全華書籍

1. 網路購書

全華網路書店「http://www.opentech.com.tw」，加入會員購書更便利，並享有紅利積點回饋等各式優惠。

2. 實體門市

歡迎至全華門市（新北市土城區忠義路 21 號）或各大書局選購。

3. 來電訂購

(1) 訂購專線：(02) 2262-5666 轉 321-324
(2) 傳真專線：(02) 6637-3696
(3) 郵局劃撥（帳號：0100836-1　戶名：全華圖書股份有限公司）
※ 購書未滿 990 元者，酌收運費 80 元。

全華網路書店 www.opentech.com.tw
E-mail: service@chwa.com.tw

※ 本會員制如有變更則以最新修訂制度為準，造成不便請見諒。

廣　告　回　信
板橋郵局登記證
板橋廣字第540號

行銷企劃部　收

23671 新北市土城區忠義路21號
全華圖書股份有限公司

（請由此線剪下）

讀者回函卡

掃 QRcode 線上填寫 ▶▶▶

姓名：＿＿＿＿＿＿ 生日：西元＿＿＿＿年＿＿＿＿月＿＿＿＿日 性別：□男 □女

電話：（ ）＿＿＿＿＿＿ 手機：＿＿＿＿＿＿

e-mail：（必填）＿＿＿＿＿＿

註：數字零，請用 Φ 表示，數字 1 與英文 L 請另註明並書寫端正，謝謝。

通訊處：□□□□□

學歷：□高中・職 □專科 □大學 □碩士 □博士

職業：□工程師 □教師 □學生 □軍・公 □其他

學校／公司：＿＿＿＿＿＿ 科系／部門：＿＿＿＿＿＿

・需求書類：

□A. 電子 □B. 電機 □C. 資訊 □D. 機械 □E. 汽車 □F. 工管 □G. 土木 □H. 化工 □I. 設計

□J. 商管 □K. 日文 □L. 美容 □M. 休閒 □N. 餐飲 □O. 其他

・本次購買圖書為：＿＿＿＿＿＿ 書號：＿＿＿＿＿＿

・您對本書的評價：

封面設計：□非常滿意 □滿意 □尚可 □需改善，請說明＿＿＿＿＿＿

內容表達：□非常滿意 □滿意 □尚可 □需改善，請說明＿＿＿＿＿＿

版面編排：□非常滿意 □滿意 □尚可 □需改善，請說明＿＿＿＿＿＿

印刷品質：□非常滿意 □滿意 □尚可 □需改善，請說明＿＿＿＿＿＿

書籍定價：□非常滿意 □滿意 □尚可 □需改善，請說明＿＿＿＿＿＿

整體評價：請說明＿＿＿＿＿＿

・您在何處購買本書？

□書局 □網路書店 □書展 □團購 □其他＿＿＿＿＿＿

・您購買本書的原因？（可複選）

□個人需要 □公司採購 □親友推薦 □老師指定用書 □其他＿＿＿＿＿＿

・您希望全華以何種方式提供出版訊息及特惠活動？

□電子報 □DM □廣告（媒體名稱＿＿＿＿＿＿）

・您是否上過全華網路書店？（www.opentech.com.tw）

□是 □否 您的建議＿＿＿＿＿＿

・您希望全華出版哪方面書籍？＿＿＿＿＿＿

・您希望全華加強哪些服務？＿＿＿＿＿＿

感謝您提供寶貴意見，全華將秉持服務的熱忱，出版更多好書，以饗讀者。

填寫日期：　/　/

2020.09 修訂

親愛的讀者：

感謝您對全華圖書的支持與愛護，雖然我們很慎重的處理每一本書，但恐仍有疏漏之處，若您發現本書有任何錯誤，請填寫於勘誤表內寄回，我們將於再版時修正，您的批評與指教是我們進步的原動力，謝謝！

全華圖書　敬上

勘 誤 表

書 號		書 名		作 者	
頁 數	行 數	錯誤或不當之詞句		建議修改之詞句	

我有話要說：（其它之批評與建議，如封面、編排、內容、印刷品質等・・・）

得分

CH1 練習試題

班級：__________ 座號：__________ 姓名：__________

一、選擇題

( ) 1. 17 世紀是由哪個國家開始將溫泉納入醫療處方中？ (A) 羅馬 (B) 希臘 (C) 義大利 (D) 法國

( ) 2. 提出四液學說的醫生是哪位？ (A) 希波克拉底 (B) 李時珍 (C) 法蘭貢 (D) 貝爾茲醫生

( ) 3. 埃及豔后通常在保養品或香水中加入哪些物質來達到保養功能？ (A) 乳香、沒藥 (B) 檸檬、橙花 (C) 廣霍香、檸檬草 (D) 白麝香、雪松

( ) 4. 全球最早設置溫泉療法的國家是哪一國？ (A) 香港 (B) 中國 (C) 日本 (D) 臺灣

( ) 5. 1875 年是哪個國家的醫生把歐洲溫泉理療方式帶入日本？ (A) 德國 (B) 希臘 (C) 義大利 (D) 美國

( ) 6. 現今許多業者引進日本溫泉的經營模式，其強調的功能不包含下列何者？ (A) 養生 (B) 傳統 (C) 美容 (D) 健康

二、填充題

1. 四液學說裡的四種體液為__________、__________、__________、__________。

2. 17 世紀時，__________醫生開始將溫泉納入醫療處方中，__________也開始以溫泉治療皮膚疾病，因此溫泉又開始與醫療結合。

3. 五感療法中的五感為________、________、________、________、________。

4. 溫泉在古希臘時期被視為______________，後來__________軍隊發現溫泉水有良好的治療效果，開始在有溫泉處興建宮廷式浴池。

（請沿虛線撕下）

【背面仍有試題】

三、問答題

1. 請說明現今 SPA 產業的趨勢。

2. 臺灣的溫泉水療是如何發展的？

3. 請舉出五種現今搭配 SPA 水療的型態。

4. 請列舉五項大流行過後除了健康旅遊外還有哪些產業倍受重視？同時請用你的視角說明為什麼？

5. 請解釋希臘時期西波克拉底的四體液學說與健康的關聯？

得分

CH2 練習試題

班級：＿＿＿＿＿＿　座號：＿＿＿＿＿＿　姓名：＿＿＿＿＿＿

一、選擇題

(　　) 1. 以下哪一個療癒方式不屬於傳統療癒？ (A) 俄羅斯療法 (B) 中醫學說 (C) 醫美護理 (D) 印度阿育吠陀經

(　　) 2. 全球都有肥胖症的問題，在歐盟國家中，成年人肥胖的比例約為多少？ (A)40% (B)50% (C)60% (D)70%

(　　) 3. 醫美技術發展異軍突起，2009～2014 年平均成長率為？ (A)13% (B)16% (C)17% (D)20%

(　　) 4. 根據全球 SPA 顧客來店原因分析，以下哪個原因所占比例最高？ (A) 皮膚保養 (B) 疼痛處理 (C) 指甲與頭髮保養 (D) 放鬆、舒緩壓力護理

(　　) 5. 根據 2009～2014 年亞洲美容市場銷售分析，以下哪個項目增長率最高？ (A) 體雕與緊緻 (B) 雷射與光療 (C) 微整形植入式填充劑 (D) 肉毒桿菌

(　　) 6. 美容服務從傳統的家庭工作室，到 SPA 的流行，近年來最發燒的是哪個項目？ (A) 中醫保健 (B) 醫學美容 (C) 針灸 (D) 體雕

二、填充題

1. 老年化容易造成＿＿＿＿＿＿、＿＿＿＿＿＿、＿＿＿＿＿＿、＿＿＿＿＿＿等問題。

2. ISpa 協會將 SPA 分為＿＿＿＿＿＿、＿＿＿＿＿＿、＿＿＿＿＿＿、＿＿＿＿＿＿、＿＿＿＿＿＿、＿＿＿＿＿＿、＿＿＿＿＿＿七個種類。

3. 都市化帶來便利性，也帶來＿＿＿＿＿＿、＿＿＿＿＿＿、＿＿＿＿＿＿、＿＿＿＿＿＿、＿＿＿＿＿＿、＿＿＿＿＿＿、＿＿＿＿＿＿等問題。

4. 顧客可能會因為＿＿＿＿＿＿、＿＿＿＿＿＿、＿＿＿＿＿＿、＿＿＿＿＿＿、＿＿＿＿＿＿、＿＿＿＿＿＿、＿＿＿＿＿＿等原因來店消費。

（請沿虛線撕下）

【背面仍有試題】

三、問答題

1. 請列舉五種 SPA 與 Wellnes 的產業。

2. 請列舉五種醫美常見的營業項目。

3. 請簡單說明 SPA 經營型態與重點趨勢。

4. 試說明為什麼在開業前需要先了解市場趨勢與發展？

5. 試說明什麼是大自然缺失症，並解釋大自然缺失症如何為 SPA 水療產業帶來商機？

得分

CH3 練習試題

班級：＿＿＿＿＿＿　座號：＿＿＿＿＿＿　姓名：＿＿＿＿＿＿

一、選擇題

(　　) 1. SWOT 分析中，S & W 指的是？ (A) 優勢＆機會 (B) 機會＆威脅 (C) 劣勢＆威脅 (D) 優勢＆劣勢

(　　) 2. 以下哪項不是波特五力分析中的項目？ (A) 潛在進入者的威脅 (B) 替代品的威脅 (C) 供應商與現有廠商競爭程度 (D) 矯正劣勢

(　　) 3. 當我們要設定營業目標時，以下哪個不是評估的主要項目？ (A) 銷售目標設定 (B) 營業劣勢 (C) 固定支出 (D) 平均課程單價

(　　) 4. 在進行 SPA 營業項目設定時，以下哪個原因不是主要評估項目？ (A) 商圈評估 (C) 顧客收入 (D) 儀器設備 (C) 訂價考量

(　　) 5. 資本額不超過多少的企業屬於「行號」？ (A)40 萬 (B)50 萬 (C)60 萬 (D)70 萬

二、填充題

1. 在開店之前，需要從＿＿＿＿＿＿、＿＿＿＿＿＿、＿＿＿＿＿＿三大部份開始規劃。

2.「行銷 4P」的「4P」是指＿＿＿＿＿、＿＿＿＿＿、＿＿＿＿＿、＿＿＿＿＿。

3. 哈佛安德魯斯在 1971 年提出＿＿＿＿＿＿，包含＿＿＿＿、＿＿＿＿、＿＿＿＿、＿＿＿＿四個因素。

4. 在展店過程中，＿＿＿＿、＿＿＿＿、＿＿＿＿、＿＿＿＿、＿＿＿＿五大項目需要事先進行預算評估。

5. 公司名稱預查申請核准後，該申請名稱可保留＿＿＿＿個月，屆期前可申請延長期限＿＿＿＿個月，在保留期間內需申請公司登記。

（請沿虛線撕下）

【背面仍有試題】

三、問答題

1. 你即將經營一間 SPA 店，有 10 個房間（共 13 張床），每天營業 10 小時，平均課程單價為 2500 元，請計算出達成率 70% 的月營業坪效。

2. 試說明波特五力分析的「五力」為何？

3. 請列舉 5 項商圈調查相關項目。

4. 請針對「芳療師」、「營運主管」、「業務人員」三種工作，分別列舉出三項其應負責的主要工作內容。

5. 制訂價格時需考量哪些因素？

得分

CH4 練習試題

班級：＿＿＿＿＿＿　座號：＿＿＿＿＿＿　姓名：＿＿＿＿＿＿

一、選擇題

(　　) 1. CIS 代表企業形象與企業的識別，其構成為？ (A)MI、BI、CI、AI (B) MI、BI、SI、AI (C)AI、BI、VI、MI (D)AI、BI、WI、MI

(　　) 2. CIS 的 MI（mind identit）構面，其意義為？ (A) 聽覺識別 (B) 理念識別 (C) 行為識別 (D) 視覺識別

(　　) 3. 在營業現場，下列哪個區域通常空間分配比例最高？ (A) 接待區 (B) 淋浴間 (C) 蒸氣室 (D) 療程室

(　　) 4. 診所附設美容 SPA 中心，是否可以設立在同一個地址？ (A) 不可以 (B) 可以 (C) 可以在同一棟大樓的不同樓層 (D) 可以，但是要獨立出入

(　　) 5. 請問在進行裝潢工程時，以下哪個區域不屬於 SPA 場域？ (A) 針劑室 (B) 諮詢區 (C)VIP 療程室 (D) 梳妝更衣區

(　　) 6. 下列哪個區域不是一般 SPA 營業場所中會設置的區域？ (A) 櫃台接待區 (B) 更衣室 (C) 會議室 (D) 療程區

(　　) 7. 下列何者不是裝修濕區時應注意的事項？(A) 材料選擇 (B) 自然採光 (C) 空氣循環 (D) 水源穩定

二、填充題

1. 店面裝修設計大致上可分為＿＿＿＿＿＿、＿＿＿＿＿＿、＿＿＿＿＿＿、＿＿＿＿＿＿四大步驟。

2. 可以透過＿＿＿＿＿＿＿＿＿＿、＿＿＿＿＿＿＿＿＿＿、＿＿＿＿＿＿＿＿＿＿等方式尋找適合的裝潢設計團隊。

（請沿虛線撕下）

【背面仍有試題】

三、問答題

1. 試列舉展店籌備流程有哪些潛在危機，並簡單說明。

2. 試說明為何企業識別系統對營業來說很重要？

3.SPA 療程房在設計上應該注意哪些安排？

CH5　練習試題

得分

班級：__________　座號：__________　姓名：__________

一、選擇題

(　　) 1. 吸脂訂價較適合以下哪個時期？ (A) 成長期　(B) 成熟期　(C) 引入期　(D) 衰退期

(　　) 2. 掠奪性訂價是指？ (A) 透過低價的犧牲品引入人潮，帶動其他銷售　(B) 價格訂定接近或低於成本，藉以吸引消費者，造成短期利益損失，但長期後獲得市場與超額報酬　(C) 降低某些商品的售價，搭配副產品，以價格不便或提高價格，從中獲得較高利潤　(D) 因為市場需求量高，接受度佳而消費者沒有特殊偏好時可以使用次策略

(　　) 3. 產品生命週期中，以下哪項是指成熟期？ (A) 模式＆技術創新　(B) 產品＆服務創新　(C) 組織創新再造　(D) 流程創新

(　　) 4. 以下哪個方法不是店頭行銷活動常用的方式？ (A) 會員制　(B) 優惠活動　(C) 電視播放　(D) 贈品促銷

(　　) 5. 市場需求趨於飽和，競爭者紛紛出現，消費者選擇性多，價格降至最低，是產品生命週期中哪個時期？ (A) 成長期　(B) 成熟期　(C) 引入期　(D) 衰退期

(　　) 6. 下列何者不是異業結盟的好處？ (A) 創造商業機會　(B) 增加消費者附加價值　(C) 廣告效益　(D) 壟斷市場

二、填充題

1. 常見的定價策略有__________、__________、__________、__________、__________。

2. 產品生命週期可分為__________、__________、__________、__________四個階段。

3. 正確的訂價流程為__________→__________→__________→__________→__________→__________。

（請沿虛線撕下）

【背面仍有試題】

三、問答題

1. 定價時要同時考量非服務費用，請舉出三種屬於非服務費用的項目。

2. 請舉出五種常見的網路行銷通路。

3. 請舉出三種能增加會員與企業間的忠誠度與黏密關係的方式。

4. 試說明為品牌設立官網可以帶來怎樣的正面效果？

5. 試說明為什麼要進行策略行銷？

得分

CH6　練習試題

班級：__________　座號：__________　姓名：__________

一、選擇題

(　　) 1.　標準作業流程的簡稱是？　(A)PLC　(B)SWOT　(C)SOP　(D)ISO

(　　) 2.　在編制標準作業流程時　這個符號代表？　(A) 處理作業　(B) 決策選擇　(C) 流程終止　(D) 輸入或輸出文件

(　　) 3.　以下何者不是撥打電話給顧客的目的？　(A) 業務開發　(B) 關懷課程後的感受　(C) 緊急事件通知　(D) 跟顧客爭論療程的效益

(　　) 4.　為顧客奉茶時我們應將茶水倒置八分滿，同時應將茶杯手把置於顧客的？　(A) 右側　(B) 左側　(C) 前側　(D) 中間

(　　) 5.　接待禮儀在服務顧客的過程中相當重要，代表企業形象。當顧客來臨或是離場時，服務人員應行幾度的鞠躬？　(A)35 度　(B)45 度　(C)55 度　(D)25 度

二、填充題

1. 美容管理辦法中必須包含__________、__________、__________、__________、__________等內容規劃。

2. 基本的送客禮儀步驟為：__________________→__________________→__________________→______________。

三、問答題

1. 標準作業流程編制時要按照相同的範本做相關編排，其中最少應該包含哪些項目？

(請沿虛線撕下)

2. 撥打電話給顧客前，工作人員應該做哪些準備？

3. 請舉出 4 種營業現場服務禮儀的種類。

4. 建制護理療程標準手冊時，應置入哪些內容，以便顧客了解您欲執行的療程內容？

5. 在進行電話諮詢時，我們應該要採用什麼方式讓顧客重視或是加深印象與思考？

得分

CH7　練習試題

班級：＿＿＿＿＿＿　座號：＿＿＿＿＿＿　姓名：＿＿＿＿＿＿

一、選擇題

(　　) 1. 請問當人資要進行現場人員編制人數時，以下哪個項目不需要列入考量？(A) 營業坪效　(B) 平均課單價　(C) 平均來客數　(D) 行銷能力

(　　) 2. 請問以下哪種人員是需要直接面對顧客的人員？　(A) 企劃人員　(B) 倉儲人員　(C) 人資主管　(D) 櫃台秘書

(　　) 3. 通常人力招募可以採用內部與外部招募等，請問以下哪個不是內部招募？(A) 工作表現優異，主管推薦升遷　(B) 藉由公告讓有興趣或適合的人選主動提出相關意願　(C) 由人資部從員工檔案中找出適合職位的人選，並依照資歷與工作表現等方式評選　(D) 透過網路進行招募，開放自由投放到人事部面試

(　　) 4. 請問以下哪個是不合適的人員甄選方式？　(A) 開出工作職能需求，以篩選模式找出適合人才　(B) 藉由面對面溝通方式進行評估，了解應聘人員適任性　(C) 緊急請朋友推薦，未經面談與評估　(D) 若是技術人員需經過技能評估與筆試過程評估專業適任性

(　　) 5. 請問 360 度考核評估辦法是在 1933 年哪個企業提出的？　(A) 英特爾集團　(B) 臺灣萊雅　(C) 香港 I.T 集團　(D) 捷普集團

二、填充題

1. 人員徵選主要有＿＿＿＿＿＿、＿＿＿＿＿＿、＿＿＿＿＿＿三種方式。

2. 薪酬的公平性可以依照＿＿＿＿＿＿、＿＿＿＿＿＿、＿＿＿＿＿＿、＿＿＿＿＿＿四個方向進行評定。

3. 平衡計分可以針對＿＿＿＿＿＿、＿＿＿＿＿＿與＿＿＿＿＿＿的層面進行評分管理。

（請沿虛線撕下）

【背面仍有試題】

4. 360 度平衡計分卡中有____________、_______________、____________、_______________四個構面。

5. 員工的教育訓練通常分為_____________、_____________、__________、__________四種形式。

三、問答題

1. 請列舉三種在設計薪酬時要考量的因素。

2. 設立考核機制必須考慮哪幾個目的與作用？

3. 弗雷德里克•溫斯洛•泰勒（Frederick Winslow Taylor）提出的科學管理原則有哪些？

4. 試說明什麼是 360 度平衡計分卡？

5. 請寫出彼得 ・ 杜拉克（Peter Drucker）目標評估管理的三個要點？

CH8 練習試題

得分

班級：＿＿＿＿＿＿　座號：＿＿＿＿＿＿　姓名：＿＿＿＿＿＿

一、選擇題

(　　) 1. 經過美國藝術支援研究計劃公司（TARPC）發表，當顧客感到不滿時，有多少比例會提出不滿？　(A)8%　(B)10%　(C)4%　(D)6%

(　　) 2. 請問馬斯洛提出的顧客抱怨五項需求中，下方哪一個不屬於社交需求？(A) 互動感　(B) 協調感　(C) 歸屬感　(D) 接納感

(　　) 3. 請問馬斯洛提出的顧客抱怨五項需求中，以下哪項屬於物質層面？　(A) 自我實現　(B) 安全需求　(C) 尊重需求　(D) 社交需求

(　　) 4. 當顧客產生抱怨時，以下哪個心態是不正確的？　(A) 他真是一個奧客　(B) 傾聽顧客的抱怨　(C) 思考問題的癥結在哪　(D) 記錄並盡快處理

(　　) 5. 當遇到顧客抱怨時，我們應該用什麼方式處理？　(A) 不知道怎麼解決時，能拖就拖　(B) 顧客都愛抱怨，不用理會　(C) 重視顧客的問題，盡速提出解決的進度與方案　(D) 將顧客的客訴視為無理的要求，並且跟其他顧客說

二、問答題

1. 請寫出馬斯洛的需求金字塔分為哪五種？並說明哪些屬於顧客精神層面的需求？

（請沿虛線撕下）

2. 當我們遇到客訴時，該如何撫平顧客的憤怒呢？

3. 通常會引起客訴的原因是？

4. 當你遇到無法立即解決的客訴時，公司的流程應有哪些步驟才能盡速回應顧客，同時也可以幫助企業將經驗製成未來可傳承的參考依據？